NHK BOOKS
1224

自然・人類・文明

F.A.ハイエク
今西錦司
Friedrich August von Hayek
Imanishi Kinji

NHK出版

まえがき

松原隆一郎

本書の半分を占める三回にわたるF・A・フォン・ハイエク氏と今西錦司氏の対談は一九七八年九月、京都で行われた。今西氏は一九〇二年生まれ、ハイエク氏は一八九九年生まれだから、ハイエク氏が三歳年長の当時七九歳であった。奇しくもともに一九九二年に亡くなっている。

米山俊直氏の解説によれば、ハイエク氏みずからが創設者の一人であった自由主義者の国際団体「モンペルラン・ソサエティ」の年次総会が香港であり、それに出席した後に米国スタンフォード大へ向かう途上のことだった。ハイエク氏はこの対談までの一四年間で八回来日を果たしている。今日ほど航空事情がよくない時代のことだから相当な高頻度であり、親日家と言って差し支えなかろう。

この対談はハイエク側からの希望によるもので、それまでに犬山や高崎山、幸島を訪れた経験から、そこをフィールドとして発祥した霊長類研究のリーダーである今西氏の研究に関心をもったという。しかし自然淘汰説の解釈をめぐっては大きな距離があり、対談はすれ違いに終わったかに見える。

本文にも見える二人のやりとりは、こんな具合だ。

ハイエク　……ある個体がより生きのびる可能性、そのチャンスをより多くもっているかどうかということで、その個体の選択ということを生物の場合には考えられると思います。……

今西　いまおっしゃったことは生物学の常識というか、まちがっていますけど、……甲乙がない種の個体間にどうしてセレクションがはたらくかということはちっとも言うておられませんな。……

ハイエク　いま今西先生がおっしゃったことは、私の理解している近代の遺伝理論とはちがうのじゃないかと思います。……（本文41〜42ページ）

今西　……ハイエクさんのおっしゃることは、……今日の正統的進化論の主張をひじょうに忠実にお述べになっているんですが、しかし私はそれに賛成できない立場におる人間やから、困りましたな。……（本文59ページ）

ハイエク　……私は言語というものは狩猟のための道具のように狩猟採集時代に発達しはじめたものだと考えております。……

今西　またしても効用説ですね。ナチュラル・セレクション・セオリーのちょうちん持ちですね。……（本文77ページ）

ハイエク氏は自由（市場）社会が社会主義計画経済に優ることの論証に、生涯を捧げてきた。

それには正統的進化論（総合説。ネオ・ダーウィニズム）の論理を人間社会の説明に利用することが有効とみなし、生物と人間の境界と目されるサルの社会的行動の研究を主導してきた今西氏に注目したらしい。しかし当の今西氏は戦前のすみわけ理論提唱、戦後の霊長類研究を経てダーウィニズムの自然淘汰説に激しい批判を寄せるようになっており、その結果このようなすれ違いが起きたようなのだ。

この時点での二人の立場は、次のようなものだった。

ハイエク氏は一九二〇年代から三〇年代にかけ景気循環論および資本理論を展開した。その政策論的な要点は、人為的な金融緩和はインフレを生じさせ不況を深刻化させるというものであった。しかし景気理論・資本理論そのものについては後に、複雑現象である市場や資本を単純な理論で分析しようとしたと気づいて打ち止めとし、主流派経済学が行う単純な数学を用いたモデル分析に批判的になる。「単純さ」は、人間がみずからの行動原理を知っており、合理的に行動したり社会制度を設計しうるという想定に集約される。それへの批判は三〇年代後半の「市場は知識利用のための制度である」という市場観に結実し、以降、市場経済を単純な数理モデルで代替しうるとみなす社会主義計画経済に激しい反駁を加えた。その成果は、いったん『自由の条件』（一九六〇）に集大成された。

しかしその後、西側諸国においてもケインズ主義政策が単純な経済モデルで財政金融政策を駆使するようになると、金融政策に規制を求めつつ、併せて批判するようになる。民主主義においても失敗が起きうることを指摘しつつ理想の憲政政体を構想する三巻本『法と立法と自由』の最終刊は一九七九年に出版されていた。その終章に当たる「人間的価値の三つの起源」は前年にロンドン・スクール・オブ・エコノミクスで講演されたもので、対談前に今西氏が目を通し、本書にも収められている。

ハイエク氏はすでに六七年の論文「行為の規則体系の進化についてのノート」あたりから、みずからの自由市場論やそれを維持するための憲政政体が一種の進化論によって支持されるとして、正統的進化論から周辺の生態学、自然学などを渉猟《しょうりょう》してきた。この姿勢と主張は、遺著に当たる『致命的な思い上がり』(一九八八)まで変わらなかった。

一方の今西氏も登山、昆虫学からウマ、サル、進化論と戦前戦後で研究分野を拡大してきたが、持論の「すみわけ」論は一貫している。生物の種は環境に差異がある場合に、未利用地に植民するようにして適応する開拓者性を有し、前から占めている者があるところでそれを押しのけたりしないという。すなわち生物社会が一個のシステムであり、各部分は分業するようにして全体を支えている。種のレベルから見ると個体には差がなく、どんな個体が生き残りどんな個体が死んでも、種は存続する。ここで個体の違いが新しい種を生むとしたダーウィンと厳しく対立し、しかし進化そのものは必然であるので、突然変異などにはよらず「変わるべくして変わる」という進化説を唱えた。ダーウィンの競争原理に対し、自説を共存原理とも称している。

ではハイエク氏は生物の「種」に当たる個体ではない「全体」として国家やコミュニティー

を持ち出すかというと、かつての「社会進化論」のようにそうは言わない。進化するのはそうした実体ではなく、「ルール」だという。ルールとは慣行や習慣、制度など自生したものである。複雑で巨大な社会に秩序をもたらすのであり、それには自由市場と慣習法の支配が必須である。ルールを意図的に設計するのが社会主義だから、自由社会においてルールは自生し進化するはずである。「ルールの進化論」が晩年の立場となったのである。こうした社会哲学は、同じく習慣と商業が文明社会をもたらしたとするD・ヒュームやA・スミスに端を発するもので、ハイエクはその正統な継承者といえよう。

現在の主流派経済学は、規制の有無によって社会主義的計画と自由主義市場を区別する。しかしハイエクはそのように単純なモデルで市場を記述できるとは考えなかった。むしろ「本能」をありのままに開花させようとするのがJ・J・ルソーに始まる社会主義であり、「本能をルールによって規制する」のが自由主義だと考える。ハイエク氏と主流派経済学では、慣行的な規制の評価が反対になっているのである。

今西氏は、種そのものが消滅するような「淘汰」は起きないという。それはハイエク氏にも共通していて、市場競争で個々人が死ぬわけではない。消滅するのは企業の事業であったり、世に流布するルールである。ルールや事業のうち、成功したものは模倣され、拡散する。それがハイエク氏にとっての「進化」のイメージだった。ハイエク氏がなんらかの実体にかかわる淘汰説を唱えるかに言うのは、今西氏の誤解である。

ただしハイエク氏は「進化」を具体的に示そうとして、「秩序の増加は人口を拡大させる」と強調している。今西氏の言う「効用説」である。だが自由な先進国が移民を除けば軒並み人口減に見舞われる現在からすれば、これは今西氏ならずとも無理な主張と言わざるをえない。

むしろ現在の経済から見てハイエク説で注目すべきなのは、「本能抑制」説と「金融緩和（リフレーション）抑制」説だろう。小泉政権以来の構造改革の潮流は、一見しただけでは存在理由の分からない慣行をすべて既成勢力の利権とみなして、廃止の刃《やいば》を振り下ろした。なるほどその中にはハコモノへのばらまきのように無駄もあったろうが、慣行を取りやめただけでイノベーションが起きるというのは、より進化した慣行が経済社会を発展させるというハイエク氏の主張と鋭く対立する。

またインフレ目標を達成するまでの金融緩和政策はいまや日本銀行も採用するところとなっているが、むしろそれは資源配分のゆがみを生じかねないというのがハイエク氏の発した警告であった。金融緩和という政策担当者の「本能」には、抑制がかけられねばならないのだ。

今西進化論に再評価の機運があるいま、ハイエク進化論にも注目すべき点は多い。ルールの進化はたんなる人口増では測れない、重層的で成熟し、開拓者精神に満ちた文化を生み出すだろう。それは構造改革や金融緩和がもたらす一時的な熱狂や競争の偽装とまったく異なるものであることは、本書の対談が示唆している。

（二〇一四年　十月）

感想

桑原武夫

一九七八年十一月、国連大学と京都大学との共催による「内発的文化の知的創造性」のシンポジウムの開会にあたって、基調講演をもとめられた私は、非ヨーロッパ世界における知的創造について概論したあと、その創造の達成者として四人の名をあげた(『世界』一九七九年一月号)。思うところあって、すべて私の面識のある人のうちから選んだが、故人としては内藤湖南、西田幾多郎、柳田国男、生きている人のうちからは今西錦司を選んだ。今西君は私の中学時代からの友人だが、そのための身びいきではけっしてない。

今西君は学生時代から西田、柳田に深く学び、自然の観察と洞察をふまえてつねに独創的な己れの道を歩み進んできた内発的思想家の名にふさわしい人物である。言うまでもなく彼のいわゆる「土着思想」は、この言葉が思想界で市民権をもつはるか前に発想されたものである。

思想なるものは、その本性として、国際的市民権をもつことなしに国内的市民権をもちえないはずである。最近、いわゆる土着思想の信奉者でこの国際性の不可欠に思いいたらぬ人が少なくないのは、遺憾とせざるをえない。今西学が俗流土着主義とは異なって世界の学界から高く評価されていることは、ここに詳しく述べるまでもなかろう。

私は彼が外国の学者と対談する場に立ち会ったことがあるが、そのなかでいまも忘れえぬ一場面がある。十数年前、フランス自然科学界の巨頭、エム（Heim）博士が京都へ来て、関西日仏学館で砂漠について講演した。そのあと若干の学者をまじえてのレセプションがあった。そこには今西君も招かれていた。彼は外国語はしゃべらないことにしているので、ぼくが通訳するよ、といってエムさんに紹介した。あいさつがすむと、いきなり、

――あなたはいままでに砂漠をいくつ観察しましたか。

――（少し驚きの表情で）四つです。

――おお、なんと少ないことよ（私はそれを直訳する勇気がなくて、それは多くはない、と意訳した）。

――そう言うあなたは。

――七つ。

その七つの砂漠の名を私は伝えたと思うが、もうおぼえていない。そのあと今西君は、貴説は、サハラなどには適用できるかもしれないが、ほかの地域についても成立するかどうか疑問だという意味のことから、なにか短い批評をしたと思うが、ズブの素人の私の通訳だから、ちゃんとした議論にはなりえなかった。エム博士は批評を敬聴していたが、数日後会うと、ほかの固有名詞はもう記憶していなかったが、ドクター・イマニシの名だけはおぼえていた。

去年の春、ハイエク博士が今西君との討論を主要目的として秋に来日されるという話を聞いた

とき、私はこのノーベル賞の経済学者について何一つ知らなかったのだが、大いに賛意を表しておいた。秋になって、博士来日の直前、これまた古くからの山仲間で、最初からこの企画に知恵をかしていた西堀栄三郎君が突然電話をかけてきた。東京のことは引き受けたが、京都へは一日しか行けないから、万事よろしくたのむ。今西はときどき大胆な、きつい発言をするし、相手も一国一城の主だから、君は対談には必ず立ち会って、スムーズに進行するようにしてほしい、頼んだよと、いつもどおりの性急さで大役をおしつけてしまった。私は知的世話役として、会場の選定、京都の学者たちとの会合、その他の大筋だけは今西君と相談してきめたが、細目は米山俊直君に万事とりしきってもらうことにして、それがうまく進行した次第は、本書の巻末の同君の「解説」に詳しい。

私はハイエク学については何も知らず、博士入洛までに『人間的価値の三つの起源』をやっと読み上げたくらいの無学者であり、またそのことを博士に白状しておいたのだが、博士はあらかじめ私のことを少し知っていて、今西、西堀らの古くからの山仲間という一点で最初から打ちとけて心を許してくださるふうであった。八十歳直前の老経済学者が生物学について、豊富、猛烈な勉強をしておられることに私はまず敬意をはらった。あらゆることに好奇心が旺盛で、祇園の温習会もよろこんで見た。京都の百貨店を見たいというので、その所在を教えると、宿舎の都ホテルから四条河原町まで徒歩でさっさと歩いていったのには感服した。

そうは言っても、私はじつは博士とそうこまやかな話をしたわけではない。私の英語力がそれを許さないからだ。実は、京都でのお別れの会食のとき、たまたま今西君を訪ねてきたコレージュ・ド・フランス教授リュフィエ氏も合流されたところ、ハイエクさんがさらさらとフランス語で会話されるのを見るまで、私はハイエクさんがフランス語をしゃべるということに気がつかなかったのだ。お別れに東京まで送っていったとき、はじめて私は博士とルソーのことなど話をした。ハイエクさんは『告白』の作者にあまり好意的ではなかった。

私は、この誠実な博学者と数日を共にしえたことを貴重な経験として感謝している。博士は雑談でも、討論でも、いつも誠実で、相手の発言の理解に謙虚と思えるほどの熱心さを示した。

ハイエク博士の考え方の基本には、自然のあるがままの進行をよしとする一種の自然尊重主義があることを知ってたいへんおもしろく思った。自己発生的秩序という言葉をよくつかう。博士によれば、単なる合理的知性による反省のつみかさねの結果生まれるような秩序は尊重すべきものではないのだ。人類はどうして直立二足歩行をするようになったかが話題になったとき、今西君は、そうなるべくしてなったんだと、日ごろの主張を力説したが、そこにはハイエク氏の言う自己発生的秩序と共通する部分があるのではないかと思われた。が、十分の一致には至らなかった。

ハイエク博士は「本能」という言葉をよくつかう。それにたいして今西君は、本能というのは動物についていうべきであって、人間の場合は、直観、あるいは全体的洞察とよぶほうが適切ではないかと指摘した。この点は私は今西説に同調する。

ここに一つの食べものがあるとして、それを食べるか食べないかは、過去の体験、その人の身体の在り方なども作用して直観的に判断されるのであって、けっして分析的知性によって割り出されるものではない。本能か直観かの議論は別として、分析的合理主義の推論のみによって人生のことが判断、決定されるのでないことは確かだろう。こう見てくると、ハイエク氏と私たちとのあいだには、意外に一致しうる面があるのではないか。ただ、世界を一神教と多神教ないしアニミズムとの二つに分けた場合、ハイエク博士は明らかに前者の世界に属する人である。私は送別会の席上そのことを述べ、一神教と多神教の世界とには基本的な相違があり、それが相互理解を困難にしていると言った。

これにたいしてハイエク博士は、それはおっしゃるとおりだ。ただ、自分はキリスト教の篤信者ではないけれども、まがうことなき一神教の世界に育った以上、その影響は免れていない。しかしこれからの世界は、多元的思考、つまり多神教的な世界の価値と意味を深く考える必要があるだろう。こんどの日本訪問ではそのことを深く学んだ、それを感謝する、といわれた。私はこの言葉を印象深くおぼえている。

博士は本年の晩秋にもまた来日されるという噂を聞いた。これが実現することを希望したい。ハイエク・今西対談はさまざまの示唆に富む興味深いものだが、両者の相互理解への努力にもかかわらず、歩み寄りはけっして容易なものではなかった。完全な意見の一致を要請することはむりということであるかもしれないが、もう一度討論をかさねることは、少なくともその不一致の要因がどこにあるかがつきとめられ、そのつきとめの過程が、私たち一般読者にとっては新しい思想探求のきっかけとなりうるように思われる。討論の再開を希望する。

（一九七九年　八月末日）

目次

まえがき――松原隆一郎 3

感想――桑原武夫 9

I 自然 19

自然観をめぐって/〝すべての生物には社会がある〟/個体と種は二にして一のもの
人間社会の形成/本能・法・規範と社会/生物的自然の体系と社会システム
種社会には棲みわけがある/ダーウィン進化論の陥穽
生物の進化とは変わるべくしてかわる、ひとつの歴史である/個体の選択と集団の選択
突然変異説や遺伝子説で、進化を説明できるか

II 人類 49

動物と人間をどこで区別するか/人類の起源、はじめに直立二足歩行ありき
人類の進化をめぐって/遺伝子の変異で二足歩行が成功したのか
自然選択(淘汰)説では進化の道筋は説明できない/動物にも「文化」はある
言語の起源について/言語も自然発生した

Ⅲ　文明　81

言語発生は個体オリジンか集団オリジンか／言語は現われるべくして現われる
言語獲得のプロセス／セルフ・ジェネレーティング・システムの考え方
自生的体系としての種社会・生物全体社会／文明化の条件／マーケット・システム
文明のなかの本能とルール／市場は文明の必要条件／市場は本能を抑制して発生した
マルクス主義の誤り／フロイド批判／本能を制御することが文明化につながるのか
ダーウィニズムの超克のために

附論1　人間的価値の三つの起源――F・A・ハイエク　117

社会生物学の誤り／文化の進化過程／自己保存的《セルフ・メインテイニング》な複合構造の進化／行動規範の成層化
慣習的な規範と経済秩序／自由の規律／抑圧されていた原始的本能の再出現
進化と伝統と進歩／古い本能をみたす新しい道徳の構成――マルクス
科学的な誤りによる不可欠の価値の破壊――フロイド／逆転

附論2　進化と突然変異――今西錦司　157
ダーウィン進化論の出発点／影を薄める突然変異説／今西進化論の出発点
生物全体社会における種と個／競争原理と共存原理／人類の特徴としての直立二足歩行
「変わるべくして変わる」とは

附論3　経済発展と日本文化――F・A・ハイエク　桑原武夫　181

解説――米山俊直　195

校　閲　三好正人
DTP　コンポーズ（濱井信作）

Ⅰ　自然

自然観をめぐって

今西　今日の会場は、ハイエクさんは山がお好きだということを聞いておったものですから、とくに山の見えるところを選んでもらったのです。

ハイエク　ひじょうにありがたく思っております。

今西　ハイエクさんのいちばん親しみの深いヨーロッパの東アルペンの山と比べますと、ごらんのように日本の山はひじょうにまるまるしている、とげとげしておらないということですね。

ハイエク　しかし、太平洋の山を見ますと、いまおっしゃいましたその違いがもっと際立ってあると思います。

今西　太平洋の山というとどこですか。

ハイエク　ハワイとかニュージーランド、それからニューカレドニアというふうな、私が知っている山々というのはそれだけなんですけれども、そういう地域の山と比べてです。

今西　比べてみて、日本の山のほうが丸みをおびているということですか。ダージリンにいたことのある英国人にここから山を見せたら、こんなのは山でなくて丘だといったことがあります。

ハイエク　日本アルプスというのはまだ見てはいないのですけれども、日本アルプスということになれば、ヨーロッパのものと同じような形をしているのだろうと思います。もちろん、私は地質学者ではありませんので……。

今西　日本の山の特徴は、丸いということのほかに、ここから見てもわかりますように、頂上まで樹木あるいは森林で蔽われている。これがひじょうな違いじゃないかと思うんですけどね。

ハイエク　はい。私もそのことに気がついています。

今西　これは山が低いということも関係がありますけれども、もう一つは、日本はひじょうに雨が多いということと関係しているんですね。きのうは雨が降りましたから、きょうはわりあいよく晴れているけれども、山もしょっちゅう雲に蔽われたり、霧のかかったりすることが多いんです。

ハイエク　それは一年中ということでしょうか。

今西　だいたい雨が偏らないのです。それに降水量も多いですね。三〇〇〇ミリは降るでしょう。

それで、こういう山のたたずまい、あるいはこういう自然のなかに暮らしていますと、どうやら多神教的になるらしい。日本にはひじょうに神さんが多いんですよ。この神さんはゴッドとは言えんと思うのやけどね。何と言うたらよろしいか。さっきも平安神宮の前を通ったけれども、あれは桓武天皇が祭ってあるんでしょうね。明治神宮は明治天皇ですか、そんなことで、昔からの古い神さんもあるし、新しいところでもどんどん神さんというものができてくるのやね。これがキリスト教でいうような一神教とはひじょうにちがうところですね。

昔から日本には「やおよろず（八百万）の神」がお住みになっているというんです。「やおろずの神」というのはどういうふうに訳すか（笑）……。

ギリシアは多神教ですね。それで「やおよろず」ということを言いたいのやけど……。昔から「やおよろずの神」ということがいわれておりましてね。「神」というのは「ゴッド」と訳していいんですか……。それから「ゴッド」でない、もっと安物がいっぱいいますのや。そういうのは「スピリット」でしょうね。魑魅魍魎《ちみもうりょう》というのは、「やおよろず」に比べたらもっと安物やけど、これが到るところにいっぱいいるんです（笑）。

そういう雰囲気のなかで育ってきましたので、私の自然観は汎神論に通ずるのです。あるいは汎神論の影響を受けているのですね。

“すべての生物には社会がある”

今西　その例を一つ申しますと、ヨーロッパでは、社会、ソサエティーというのは、人間だけに認められるものだというふうにとられている。それをもう少し拡大しても、アリとかミツバチのような集団生活をしているもの、あるいはトリやケモノで群れをつくって生活しているようなものを指して、ソシアルだという表現をしますけれども、それが精一杯で、その辺を飛んでいるチョウやトンボの生活を指してソシアルだとはいわない。いわんやそうした動物たちのすべてに、社会を認めるというようなことは西洋的な発想からは出てこないんです。しかし、私はさきほど言うたように、汎神論的な物の見方がしみ込んでいますから、すべての生物に社会があるという立場をとる。これをパン・ソシアリズムというか……ソシアリズムというと「社会主義」になりますな。何と言うたらよろしいか。

――それは新しく名前をつけてもらったほうがいいですね。「すべての生物に社会がある」という考え方……。

今西　そうですね、すべての生物にそれぞれの社会があるという見方、これは仏教の「三千世界」というのに通じるのです。ブッディズムというのはけっしてモノセイック（一神論的）なものではないんですね。なにかやっぱり根本においてポリセイック（多神論的）なものと結びついているように思いますね。

それからもう一つだいじなことは、そういうすべての生物に社会を認めることになると、この自然というものはそうした社会の積み重なりである、ということになってくるんですね。私はそれを「生物全体社会」と呼んでいるのですが、それぞれの生物の社会とは、この全体社会の部分社会として、一応それぞれに独立した社会である。しかし、独立しているとみれば、それはたしかに独立しているんですけれども、一方からいうと、どこかにつながりがある。だから、つながりという点からいいますと、みんなどこかでつながっていて、全体で一つの生物全体社会、あるいはそれを生物的自然といってもよろしいが、生物的自然という一つのまとまりのある構築物をつくっている。いいかえるならば生物的自然は一つのシステムである、という見方になるんですね。

そこのところをもう少し詳しくいうと、この地球上に見られる生物というのは、てんでにどこかほかの星から移ってきたというようなものであったら、こうまでうまく組織づけられておらんと思うんですが、これは年代からいうと三二億年前ですけれども、最初の生物がこの地球上に発生しまして、そしてその最初の生物がその後に分化発展して、今日われわれの見るような生物的自然にまで成長したのだから、そういう因縁のあるものだから、これはつながりがあっても当然である。そのうえこの生物的自然を構成しているそれぞれの社会が、各自の全体社会において占めるべき位置というものをちゃんと守っているからこそ、このシステムが容易にはくずれないのである。だから、われわれがいま見ている自然というものは、いろんな見方ができますけれども、私なんかの見方というものは、そういう背景としての歴史的な因縁というものをひじょうに尊重しているんです。

個体と種は二にして一のもの

今西　歴史的背景ということをいかに大切にしているかということですが、いま申しました三二億年前に最初の生物が発生したとき、それはどういう発生の仕方をしたかということなんですね。ここには西堀（栄三郎）先生もおられるし、まちがったらまちがっているとおっしゃっていただきたいのですけれども、まあ私の考えでは一つの化学反応として、ある種の高分子がごく簡単な最初の生物にかわるのですが、その場合に、一つの高分子から一番の祖先になる生物がたった一匹だけ発生して、それからあとそれが分裂したりなんかしてふえていったというものではなくて、最初にできるときには、たくさんの同じような高分子から同じような簡単な生物が同時にたくさんできたにちがいないという、一種の確信といいますか、そういう考え方をもっているのです。

そこでだいじなことは、西洋の方がたは、社会というものは個体が集まってつくったものだという考え方で、それとともに先祖というのは、ただ一匹か、ただ一人でもよろしいが、アダムとイヴの場合でも、アダムが一人先きにできて、そしてその肋骨を一本抜き出してイヴをつくったというような話がありますね。日本でしたら、イザナギ、イザナミという二た柱の神さまがまず存在し、それからその子孫が繁栄していまの日本になったという建国物語がありますが、こういういわば単源説が、どういうわけかいままでは人気があったのです。

ところが、いま私の申しましたような最初の生物のでき方というものを見ますと、たくさんの個体が同時に生じている。それが生物である以上は、それに名前をつけるとしたら、これこそは生物としての最初の種、すなわちスピーシス（species）だということになりますね。そうすると、最初から個体と種とは同時に成立しているということになって、どちらが先きでどちらが後ということはいえなくなる。だから、ちょっと話は飛びますけれども、西洋の人たちは進化を考えるときでも、あるいは種の起源を考えるときでも、個体がもとになって、それから種というものができていくという見方をとるんです。ダーウィンの進化論だってその例外ではない。しかし、いま申したように生物がそもそも発生したときから、個体と種というものは同時にできていて、二にして一のものである。それゆえ種がかわるときには、やはり種を構成している個体もみな同じようにかわらなければおかしい。一つだけの個体が好きなようにかわるということはありえないのではないか、というのが私の考えなんです。

ちょっとつけ足しますけれども、最初に一つくらい突然変異が出たからといって、そんなことで種というものがつくり上げられるものではないということですね。ここでは種という言葉をつかっていますけれども、種というのはもともとそれを構成するたくさんの個体から成りたっているのであるから、これを社会——私は必要のあるときには、これを種社会と呼びますが——と見なすならば、社会とそれを構成している個体との関係は、そもそものはじめから二にして一のものである、ということになるのです。

この辺でいっぺん聞き役にまわらしてもらいましょう。

人間社会の形成

ハイエク　ただいま今西先生がいわれたことはまったく正しいでしょう。ヨーロッパの伝統の中では、生物的世界に「社会」が存在しているということを、科学が示す必要がありました。いまも記憶していますが、私の父の先生にあたる人が、ある大きな発見といいますか、新しい考えを作り出したのです。それはプラント・ソサエティー——植物の社会という新しい概念を示されたわけです。つまり、個々の植物がそれぞれの社会——この場合「アソシエーション」という単語を使われたわけですけれども——個々の社会というものを形づくるという考え方でありますそれに伴って、エコロジーという考え方があらわれてきたわけです。そして植物の社会ということを考えまして、それぞれの植物のアソシエーションの地理学という考え方が出てきたわけであります。つまり、一つひとつの植物の群れがどういうふうなメカニズムで集団をなしているかを考えてゆく。そういうエコロジーの原則的な考え方というものが出てきて、それまでの人間が直観的に見ていたものとは異なる科学的な見方というものが成立したわけです。

しかしこのような植物社会の形成と、人間社会の形成は、異なった源をもっているのではないかと私は思います。

今西　どうちがいますか。

ハイエク　人間社会のほうを見てみますと、何百万年前に人間があらわれたわけでありますけれども、種としての人間《ホモ》がもっておりました、その形づくってきた習慣というのは、三〇人ないし四〇人でバンドをなすというふうなことでありました。それが生得的といいますか、インネートな反応であったわけであります。それに対して今日のような大きな社会、グレート・ソサエティーというものは、その生得的な反応というものではつくり上げるということができなかったわけであります。バンドとちがう大きい社会を形成するためには、本能を飼いならし、抑制するということが必要なのです。そこで湧き出る人間の感情と、その人間が属している社会との間の絶え間のない葛藤が出てきたわけであります。私たちの本能は現代の世界には適応できません。つまり現代の世界を維持していくには、本能が法によって抑圧されている、サプレスされていることが必要になる。法つまりそれぞれの国での伝統というものが文明の進化を可能にしたというふうに私は思っております。

本能・法・規範と社会

ハイエク　このことはじつは、ヨーロッパの言語では、二つの言葉が対置されることによって、あいまいになっているという事情があるわけです。その二つの言葉とは、「ナチュラル」と「アーティフィシャル」という単語であります。ナチュラルというのは、自然のもともとの生得的なということ、それにたいしましてアーティフィシャルというのは、恣意的につくられた人工のということであります。この二つの概念は古代ギリシア以来の二分法であり、それによって、何が「自然」で何が「人工的」かを区別してきました。しかし私はこの自然と人工の間に、偉大な文化伝統というものがあるのではないかと思います。その文化伝統というものは人々がルールに従うということ、そしてこのルールとは人々が選んだものでも、理解したものでもない、と思うのです。ルールは教えこまれるものであって、理解されるものではない。しかもたえず反撥されつづけるものです。

さらに文化は理性によって作られたものでなく、選択的過程によって作られました。この過程は、ある種の習慣が自覚されないままに形成され、それが結果として成功を示したといえるような過程です。すべての文明は、個人の行動規範《ルール》の体系の完成によって生まれています。それは事実として効率よく、自覚されない本能と葛藤を起こしながら、採用されたルールに応じてある集団の発達をうながし、他の集団より成功させたのです。

ひとつの例を示しましょう。それは古代の交易都市フェニキアやベネツィアです。それらの町の商人たちは、外国貿易によって利益を得ることにだけ関心があった。別にほかの市民を助けようとは思っていなかった。けれども、大きい利益をあげている商人を中心にして、そのコミュニティはどんどん豊かになり、他の人もうるおった。商人の外国貿易活動に寛容であったことが、結果としてコミュニティに貢献したわけです。もちろん、このことはだれも自覚していたわけではありません。都市の繁栄を商業活動が支えたということは、だれもはじめに気がついていなかった。時の経過のなかで、だれも自覚しない、意識しない規範が社会を支配しているのです。

さて、人間のエモーションといいますか、本能的な自然なものは、人と人との接触の場を通して出てくるものではないか。フェニキアの商人たちのルールも無自覚的に発達してきましたが、結果として市場取引・交換の規範になりました。私たちも市場の規範を学んでいるし、従っている。農民も職人もそれを親たちから学んできた。しかしいまは、大きい組織の中で育つ人がふえていて、その人たちは市場のルールをまったく学びません。そこで本能という小さい社会をガイドするものによってものを考える。また近代的合理主義によって、理由の示されていないルールには従わない。この感情は市場の規範のような大きい社会を維持するものと対立します。

つまり、ここにはつねに生得的な感情との葛藤があります。もし規範《ルール》が商業活動をうながすものであるとしますと、それは私たちの感情を傷つけるところがある。私たちの生得的感情はつねに社会主義者であって、資本主義者ではない。たとえば食物を近くの貧しい人に分け与えないで、商品として外国へ売るのには反感がある。事実は取引のルールに従っていて、それが社会の経済交換を可能にしてきました。しかし、この交換のルールと、そういう取引をしないで知りあいの近隣に奉仕したいという気持の間には葛藤が生まれます。社会はまず、小さいフェイス・トゥ・フェイスの社会からはじまり、そこでは知りあいへの奉仕の仕組みが有効に働いていた。それゆえにこの社会は発達し、非常に長く続きました。

今西　司会者にちょっと言いたいのだけれども、人間社会の問題あるいはカルチュアの問題が出てきましたけれども、まだきょうは自然にかんする問題をもう少し掘り下げたいと私は思っているので、いずれこのような問題は第二回目か第三回目に取りあげたいと思っていますので、そのときに私の意見を述べたいのです。それで、きょうは問題提起といったようなところでとどめておいてほしいのですけれども。

生物的自然の体系と社会システム

ハイエク　いまのはまだイントロダクションです。

私たちが私たちの扱う問題のために自然から学ばねばならないのは、自然がセルフ・オーガナイジング・システム、自己組織化システムかどうか、という点です。だから私は、古いアニミズム的な自然解釈に疑問をもちます。組織化するには精神《マインド》が必要ではないか、という考えですね。大切な点は、自然が、そのそれぞれの要素がパターン全体の中に適合するように動くことによって、すべての要素を持続させているということです。そしてこのパターンとは全体の秩序であり、秩序それ自体がその秩序の作られかた、パターンが作られたその作られかたに従って要素が働く。もし自然が自己組織化体系であるならば、その要素が体系の形成に貢献するために働く。社会もまた自己組織化体系ですから、そこには別に指導する精神はいらないのです。個人はむしろ大秩序の形成を可能にするためのプロパティです。ただし学習され、獲得されたプロパティであり、自然のプロパティではない。そういっても知的に理解できる性質のものでなく、発明されたものでもないが、それ自体が役に立つということを証明したものだからであります。

自然の研究は、この自己組織化体系ないし自生的体系（self-generating system）として自然が解明されるならば、それは社会の根底的な理解をたすけることになるでしょう。アリストテレス以降この社会の現象を考える場合に、生物学的現象をつねに参考にして考えてきたわけですけれども、社会的現象を生物学の知識を借りて説明するのは意義をなさなかった。どうしてかといいますと、生物学のほうで、生物の構造、知見というものが乏しかったし、よくわかっていなかった。にもかかわらず、それを援用して社会的現象を説明しようというのは、あたかも一方の謎でもって他方の謎を解こうというようなことであまり意味がありません。しかし今では高度に複雑な秩序、たとえば人間、生物、人間の精神、あるいは社会などの、自生的秩序としてとらえられ、相対的に単純な物質構造の、単純な秩序との相似・相異もわかってきた。生物的自然から、その複雑な自生的体系の性格を学ぶことができます。

なお進化についての誤解を指摘するとすれば、進化論に法則性があるという考え方はまちがいで、そんなものはない。そこには状況によってどんなことでも起こりうる過程があるだけである。進化に法があるという観念はナンセンスです。できることはある与えられた条件によってどんなことが起こるかという――あまり好きではない言葉ですが、ここでは最適と思われる言葉を使えば――メカニズムの記述でしょう。ある段階がつぎの段階に先行するという考え方は最悪の誤解で、ヘーゲルやマルクスがこのように使っているが、それは誤った用い方です。

今西　だいぶん噛み合うところが出てきましたな。しかし、ちょっと前におっしゃったことで私としてコメントを入れておきたいのは、植物社会学ということをおっしゃいましたけれども、それにたいして動物社会学というものが出てこないのはなぜかということです。これは植物というものの性質なのでしょうが、植物はだいたい集団をつくるのです。森林はわれわれの眼に植物の集団として映りますね。そうすると、植物社会という考えが出てくるのですけれども、これはやっぱりさきほどいいましたように集団イコール社会とみる西洋的な見方の延長ですね。だから、森林を植物社会と見ることはできても、その森林を構成している一つひとつの種については社会というものを全然考えておらんのです。森林はこうした一つひとつの種の社会のつみ重なったものであるという見方ができておらんのです。この点は私の社会論、進化論にまで結びついてくる。私の社会論とは食いちがっているところですね。

種社会には棲みわけがある

今西　いまの問題に関連して申し上げたいことは、私の言うていますす生物の種の社会というのは、もちろんその種に属する個体がこれを構成しているんだけれども、それぞれの個体というものは、種の立場からいいますと、どれもこれもみな同じものにつくられているということです。これはひじょうにだいじなことでして、こまかく見たら一つひとつの個体に違いがありますけれども、種の立場から、あるいは種レベルから見たら、その違いが消えてどれもこれも甲乙ない、同じような個体であるというのが私の見方なんです。甲乙がなかったら、お互いに争ってみても意味がないのじゃないか、勝負がつかんから……。

それからもう一つ、種と種の間ですが、これはハイエクさんもおっしゃったように、それぞれの占めるべき地位を守っている。これは全体社会のなかで地位を守っているということですが、それは私のいままで用いてきました表現によると、「種と種とは棲みわけている」というのです。棲みわけという言葉にたいして私の場合に当てた英語は、「ハビタット・セグレゲーション」(habitat segregation)という言葉でしたけれども、それではちょっと舌足らずのところもあります。とにかく種と種、くわしくいえば種の社会はお互いに棲みわけている。棲みわけているというのは、ほかのものの縄ばりを侵さんということですね。そうしますと、原則的にいえば、同種の個体同士の間にも争いは起こらないし、それから異種同士だったら、棲みわけが守られているかぎり、争いはないということになりまして、私も子供のときから自然をながめてきましたけれども、自然には絶対に争いがないとはいいません。しかし、ないのが普通であって、争いが起こっているということは、これは普通でないことなんです。

ダーウィン進化論の陥穽

今西　ところが、ダーウィンが出てまいりまして、生存競争——ストラッグル・フォア・エクジステンス(struggle for existence)ということを言い出す。つぎにはその結果としてサーヴァイヴァル・オブ・ザ・フィッテスト（the survival of the fittest）——適者生存ということが出てくるんですね。これはしかしダーウィンが自然を観察した結果、事実の裏づけによって言いだしたことではなくて、一般に信じられているところによりますと、これはマルサスの『人口論』を読んでそれからヒントを得ているのです。ところでマルサスはなにも生物のことを言うているのじゃないんですな。人間のことを言うているのです。さっきもハイエクさんは生物のことから人間の社会を論じたらいかんとおっしゃったけれども、ダーウィンは人間の社会から生物の社会を論じたので、これはたいへんおかしいのです。ですから、生存競争と適者生存というと長くなりますので、これを一口にしてナチュラル・セレクション——自然選択という言葉でいうておりますが、こういうことがほんとうに自然のなかでおこなわれていて、それによって新種ができたというようなことは、いまだだれも実証しておらんのです。そうすると、ようこんなセオリーといいますか、ハイポセシスといいますか、こんなものを百年間も生きながらえさした、これは生物学の怠慢以外の何ものでもないと言いたいんですがね。これについてはこのくらいにしておいて……。

生物の進化とは変わるべくしてかわる、ひとつの歴史である

今西　もう一つこの辺でたいへんだいじなことをいっておきたいと思いますが、さっきハイエ

クさんは、進化というものにセオリーがありうるか、とおっしゃった。進化というのはエヴォリューション（evolution）という英語の訳ですけれども、エヴォリューションというのは、展開といいますか、巻物を解いていくというような意味があって、それはやっぱり一つの順序を指したものである。そうすると、私がこのごろ好んで使う言葉でいいますと、生物ももちろんそうですし、その他の森羅万象も、これはすべて変わるべくしてかわっているのじゃないか。なにもそこに法則があって、それに従ってかわっているものではないだろう。だから、進化ということを何かそういう要因論で割り切ろうとするのはまちがいであって、進化は一つの歴史である。変わるべくしてかわっていっているのである。そういうふうに私はこのごろ見ているんですがね。みんなそれにたいしてあまり賛成を表してくれない。しかしハイエクさんのきょうの言葉を聞いて、私は力強く思いました。

ちょっと付け加えますと、ダーウィンが彼のナチュラル・セレクション・セオリーを出したのは、マルサスの影響だといいましたけれども、そのときどういうものが生き残るかといいますと、フィッテストが生き残るというのでしょう。つまり生存競争において何か有利な条件をそなえたものが生き残るという考え方は、きわめて人間社会的な、功利主義的な考え方なんですね。実際に生物がたくさん子供を産んでも、一握りの子供しか生き残らないんですけれども、生き残ったものははたして何か有利な条件をそなえていたかというと、そんなことはだれも観察したものがない。

ところでさっきも言いましたように、生物の種の個体というものは、もともとどれもこれも同じようにつくってある。だからたくさんの個体のなかで生き残った個体というのは、ただ運がよかったから生き残ったのであるにすぎない。種の立場から見たら、はじめから、どの個体が死んでどの個体が生きのこってもよいようにどれも同じようにつくってあるのである。種を存続維持してゆくためには、これ以上の方法はないということになるのです。その点で生物の社会というものは、ものすごくコンサーバティブな社会なんです。それにもかかわらず、やはり長い時間をかければ進化していく。それはなぜかといわれると私もちょっと困ります。万物流転という言葉がありますけれども、流転という言葉はちょっと強すぎて、そうすると、その結果として混沌を生ずるのじゃないかと思われますね。しかしこの世界というものは、これはハイエクさんもおっしゃったように、秩序のある世界である。混沌ではない。この秩序を維持していくという点からいえば、保守的になるのはあたりまえなんです。しかしそれにもかかわらず変わっていくということは、万物が現状を維持しようと思っていてもおのずから変わるんだということです。そうすると、やっぱりさきほど言いましたように、「変わるべくしてかわる」ということにならざるをえんと思うんですね。

個体の選択と集団の選択

ハイエク　いくつかの点で……。社会のセレクションということですが、いま選択は個人のそれから、集団の選択へとどんどん移っています。たとえば、子供のなかで運がよくて生きのびた、あるいは生きのびずに死んでしまったというのは、生物学的なセレクション、個体のセレクションです。しかし社会が生きのびたか生きのびないかということはそれとはちがう。グループ・セレクションのなかでは、よりよいルールをもっている社会は、その構成員の数をふやしていく、つまり発展していく。他方、劣るルールをもっている社会は、その構成員の数を減らしていくということになると思います。ですから、ダーウィニズムを人間やその文化の進化にあてはめようとする場合、それはふさわしい個体の選択ということに関してのみいうのは大きいまちがいです。選択の過程は、グループのルールの優劣によってきまります。より適応的なルールをもったグループが、より多く生きのびる可能性をもっていると思います。この文化の進化を考えた場合には、このグループの間の選択がはるかに重要な原因であると思います。おそらく生物学的（遺伝的）選択においても、グループの選択が重要でしょう。

生物学的進化論において、グループ選択の特徴をめぐる大きい論争がありますが、その点を別として、いま、学習された習慣ということになれば、それは、個体の選択ではなく、制度、あるいはルールの選択です。そこでは、グループ選択がより重要になって、表面に出てくることになります。

　そのなかで生きのびるグループというのはうまく構造化された社会がひろがり、そうでない社会が衰える。うまく構造化された、というのは、それ自体が拡大に貢献することであり、そうでない、つまり、下手に構造化された、というのは、拡大をまたげるような社会をいいます。そして私たちの感情は、しばしば衰えてゆく社会にひかれ、拡大する社会に反感を抱きます。それでも、文明はグループ選択の過程に直面するものです。そして、進化には法則性がないとはいえ、この点をみれば、ある文化が、他の文化よりも成功しているという事実を理解することが、進化の分野において可能になると私は思います。

今西　すぐれているから生きのびるのじゃなくて、運がよかったから生き残ったんだということになりますと、それをしもセレクションといえるのかどうかという問題があるわけですね。それから文化や文明の進化にともなうグループ・セレクションということをハイエクさんは強調なさいましたが、グループ・セレクションという考えも、いままでいっているひとがないわけではない。しかし、古いところではメソポタミヤの文明やインダス文明、もっと新しいところではギリシアの文明もローマの文明も、みな滅びましたが、どういうセレクションがはたらいたのですか。文明は滅びたかもしれないけれど、人間はかならずしも滅びていませんね。生き残ったものはすべてセレクションで生き残り、滅びたものはすべてセレクションで滅びた、というようにいうのは、いいやすいかもしれないけれど、事実の説明にはなっていない。あるいはこれをダーウィニズムの採用にしてしかも誤用であるといえるかもしれない。私にいわせるならばさきほどあげた諸文明は、いずれもみな文明同士の生存競争に敗れて滅びたのではなく、滅びるべくして滅びていったのである。

——それからもう一つとくに強調していただきたいのは、今西進化論の根柢《こんてい》の種の実在ということ、それをもう少し言うていただきたい。これが原点ですから。

今西　種とか社会とかいうていると、なにかそのうちにぼやけてくるでしょう。それで私は「スペシア」という言葉をつくっているんです。「スペシア」とは種社会を指しています。生物では種社会に属していない個体というものはありません。種社会と種個体、この二つは二にして一であり、個体に焦点を合わしたら種社会が見えにくくなり、種社会に焦点を合わしたらそれぞれの個体が見えにくくなりはするものの、この二つはいずれも実在して世界の構造に参加している。

ところでハイエクさんは個体の選択と集団の選択ということをさきほどいわれましたが、個体が生きのこるのはもっぱらその個体の運（偶然）によるものと思います。はたして個体のセレクションというものを考えてよいのでしょうか。

突然変異説や遺伝子説で、進化を説明できるか

ハイエク　私は、その生物学的な選択というのは個体の選択であると信じております。幸運で

あるかどうかということをいわれたわけですけれども、ある個体がより生きのびる可能性、そのチャンスをより多くもっているかどうかということで、その個体の選択ということを生物の場合には考えられると思います。それが社会の場合と生物の場合との違いでありまして、生物の社会では個体の選択ということであって、社会の場合には集団の選択です。たとえばある身体の弱い子供がある社会においてはほかの社会よりもより多く生きのびるチャンスをもっているかどうかということは、その社会の構造にかかわることです。それはその子の生理的特性によるものではありません。社会的環境のせいです。ですから、社会の場合は生物の場合とちがうと思います。社会の場合には肉体的な特徴ということで選択がおこなわれるのではなく、集団の特徴、集団の構造ということによって選択がおこなわれると思います。ですから、遺伝的な選択と文化の選択ということを分けて考えるわけです。遺伝的な選択というのは、緩やかな、速度の遅いものであると思います。獲得形質の遺伝ないし遺伝子の変化ということは、突然変異をまたなければ起こらないわけであって、その過程というものはきわめて緩やかなものであると思います。それにたいして文化の進化を考えてみますと、文化の選択には、新しい考え方が生まれ、採用されることが必要です。文化要素は急速に変わることができます。したがって文化の進化は、非常に急速な過程となり、ときには急速すぎるほどであります。それにくらべると、生物の進化は、緩やかであることが必要なのです。

今西　いまおっしゃったことは生物学の常識というか、まちがっていますけど、どの教科書にでも書いてあることをおっしゃっているのですが、初めに私がちょっとあなたに申したように、甲乙がない種の個体間にどうしてセレクションがはたらくかということはちっとも言うておられませんな。

それからもう一つ言いたいことは、さっきも、突然変異が一つや二つ出たからといって、それが出発点になって種ができるということはたいへんおかしいし、その証拠がどこにもない。そのために私は最初の生物が出てきたときの例を挙げて、初めから多数の個体が発生し、そしてそれが同時に種であるからして、種と個体は二にして一のものだということを言ったのですが、それもあなたの頭にないようですな。時間をかけてもいいんですよ、しかし、変わるべくしてかわるのは種の個体全体であるということやね。ところで、これは生物のことについて言うているのであって、人間社会のことについてはきょうはなるだけ発言をひかえておるのですが……。

ハイエク　いま今西先生がおっしゃったことは、私の理解している近代の遺伝理論とはちがうのじゃないかと思います。私がこれまで現代の遺伝理論として聞いておりますのは、個々の個体間で遺伝子の構成がちがうということです。それは過去の突然変異などによって遺伝子の組み合わせがちがうというふうなことで、遺伝子の構成の違いというものがあると思います。そして、あるいは遺伝子の位置といいますか、これもやはり構成ということですけれども、遺伝子の占める位置というものがちがう。しかし、全体の遺伝子の混ざりぐあいというものが保たれている。ある条件下におきましては、そのような個々にちがう遺伝子構造のなかで、ある遺伝子構造がその環境条件により適うという形になり、その条件に適った遺伝子が生きのびるということになると思います。このことはクローン以外、単性生殖以外のすべての動物についていえることではないかと思います。ですから、ふつうの場合個々の個体というのは、よく似ているけれども同一ではない遺伝子構造をもっているといえます。そしてそれが時間の経過によってたとえば気候がかわるとか、環境がかわるということで、この遺伝子構造の違いからある遺伝子構造が他にくらべてより高い確率で生きのびることになります。つまり個々の個体がもつそれぞれの遺伝子構造のなかで、どの遺伝子構造がより高い残存の確率をもつかということになってくると思います。ですから、いま今西先生がおっしゃったことは、同一の種の個体がすべて同じ遺伝子をもつということを前提にしていわれているようではないかと私は思います。

今西　これも初めに言うてあるんですが、個体の間に個体差があるということははっきりしているんです。二人として同じ顔をしている者はおらんしね。しかしそれは種の問題とか、エヴォリューションは種の問題と考えれば、エヴォリューションとは関係がない。なるほどハイエクさんのいわれるとおりのことを遺伝学者は言うています。言うているからといって、それでほんとうに進化の問題を立証しているかというたら、しておらんのです、これはセオリーとして言うているだけであって……。それを皆さんが、遺伝子（gene）とか何とか言うたらそれで説明できていると思われるのは、まことに私としては遺憾でしてね。なぜかというと、そういうふうにリダクショニズム（reductionism 還元主義）、つまりよりレベルの低いところで説明したらそれが自然科学であるという、これは自然科学の一つの約束らしくて、物理や化学の世界はそれでうまいことといっているようですけれども、生物はもうちょっと複雑なもので、そういう遺伝子で種の問題とか進化の問題がはたして説明できているのかというところに疑いがある。生物のことを説明するのになにも遺伝子で説明しなくても、生物自身があらわしている行動で、あるいはその行動の追跡で説明したら、それでいいのじゃないかと思いますけどね。それを遺伝学とか遺伝子とか言うたらより完璧な説明ができているように思うのは、これは還元主義にとらわれているといわなければなりませんね。だから、もうこの辺で還元主義を脱却して、種も個体も、あるいはその個体のなかに内包されている遺伝子も、みんなこれは変わるべくしてかわってきたものであり、その変わり方というのは、みんなそれぞれが調和を保ちつつかわるのであって、遺伝子の変わったことが原因になって、その結果として個体が変わったり生物がかわったりするというような考え方は、これはもうやめないかんのやと私は思うんですよ。分子生物学の立場からいうても、同じものができるようにちゃんとアレンジされているらしいですね。だからもしもまちがったものができますと、それをエリミネートする作用さえあるというではありませんか。ハイエクさんのおっしゃっているのは、ちょっと一時代古い考え方かもしれません。進化は遺伝学だけで解けるようなものでなくなってきた……。

われわれは遺伝子によって支配されているとは思いたくないのでね（笑）。ちょっと付け加えさしてもらいますと、私は、遺伝子で説明しようなどとは思わずに、生物の行動をもっと追跡しろといいましたけれども、たとえばハイエクさんはさきほど、環境のコンディションがかわったときに遺伝子の違いによってそこでセレクションが起こるとおっしゃったけれども、トリやケモノが気候の変化にあって、毎年のことですけれども、そういうときにみんなばらばらに行動しているかというたら、そうではなくて、移住、マイグレーションするときには、ちゃんとみんな一団となってマイグレートしていくんですね。それは一つひとつのトリやケモノをとって詳しく調べたら遺伝子の構成はちがうのでしょうけれど、行動としてはちゃんと種としての行動をしているわけやね。だから、そのほかにも探せばそういうことはいくらでもあると思いますよ。地震があるから逃げ出すというときには、やっぱりみんな同じ行動をするでしょうね。遺伝子の構成がちがうからじっとしておるというやつはおらんのとちがいますか（笑）。種は甲乙がないから、そういうときにおのずから同一行動をとる。

西堀栄三郎　私の友人の増山元三郎、この人がいろんな薬品にたいする反応とかそのほかの場合において、人間のばらつきというものを研究したことがあります。それはどこからきたかというと、原子力の場合のいろんな害、公害の問題からそれに反応する人間のいろんな性質を研究するためなんです。そうした結果、まず第一に、同じ一卵性双生児の場合のばらつきはひじょうに少ない。がしかし、そうでない双生児の場合はこれよりも大きい。その大きさというのは、全然無関係な、そういう双生児でない人間のばらつきと同じオーダーのばらつきであって、一卵性双生児の場合とくらべると大きいけれども、もともとひじょうに少ない、すなわちひじょうによくそろっていたのである。ネコとかほかのケモノを実験材料にした場合でも、そのばらつきはほとんど同じ数字を示していることを研究している人があります。この正月の『自然』という雑誌に発表してありました。ひじょうに少ない、ひじょうにそろっているということは、言い方をかえれば、スピーシスのなかでひじょうにそろっていると同時に、スピーシス間であっても、違いがあっても、そのスピーシスのなかでのばらつきは、ひじょうにすくないということです。

ハイエク　手短かに二つばかり言っておきたいのですが、一つは、誇張された形の還元主義に反対する論文集がありますが、そのなかに私自身も論文を寄せているということを言っておきたいと思います。単純な現象に還元してものをみる私たちの能力には限界のあるものであって、進化というような複雑な問題を扱うのはそれと異なった単純な現象を扱う場合とは区別されるべきです。私は還元主義の理論が必ずしもあやまりとは思わない。なぜならこの理論は細部を証明することができないからです。しかし、複雑な事象についての理論を単純な理由づけで説明することもテストすることもできないということを考えなければならないと思います。つまり、たとえ私たちの理論が完全なものだといってもすべての事実をふくんでいるということはできないわけです。もしかりに進化の理論が完全だとしても、次にどのような進化が起こるかということはだれも予測ができないと思います。同様にある種がある段階でなぜその形になったかということも説明できません。しかし、もちろん過去のことを調べて、この三二億年の過去においてどのような進化があったかということのデータをもしすべて得ることができて、そのデータをすべてコンピューターにほうり込むことができれば話は別でしょうけれども、そういうことはできないと思います。

このように複雑な現象を扱うときは、すべての正確な予測によってあらゆる理論が検証されねばならないというアイデアはすてなければならない。多くの個別の結果のうちどれが実際に生じるかを特定することを可能にしている個別の結果を、ある限界の中で認めることで私たちは満足しなければならない。

今西　ようやく嚙みあってきましたね（笑）。

Ⅱ 人類

動物と人間をどこで区別するか

今西　きょうのおもなテーマは、人間が動物からどういうふうにして変わってきたかという問題なのですが、だいたいヨーロッパの考え方というか、論理ですね、それはAであればBでない、BであればAでない、そういう二分法が特徴だと思います。ほんとうはそのほかにAでもあるしBでもあるというのと、AでもなければBでもないというのとがあるんですけれども、それらはヨーロッパでは落としてしまうんですね。それでヨーロッパだったら、人間と動物というものをバッサリと二分する。それから社会とか文化というようなものは、みな人間のほうにつけてしまって、そういうものは動物にはない、といってしまうんですね。しかし、この前も申したように、私の立場といいますか、考え方は、あらゆる生物にはそれぞれの社会があると考える汎社会論なんですね。社会論はそれですんだかと思うのですけれども、さっき言うように、人間と動物はバッサリ一刀両断に切れるかどうか、という辺のところにきょうの問題がある。私はまずハイエクさんに、動物と人間とをどこで区別するか、どこで切るかということをお尋ねしたいのです。

ハイエク　私の考え方というのも今西先生とそんなにちがうとは思いません。つまり、どこで厳密に区別するかということは、きわめてむずかしいことであると思います。人間と動物ということですけれども、人間の特徴はどこにあるかということを考えてみますと、子供時代の長さということにあると思います。学習あるいは教えるという作業がなくても人間は動物として育つかもしれません。しかし、それでは人間としては完全な人間というわけにはいきません。この学習をうける子供時代の長さということが、人間の一つの特徴ではないかと思います。

したがいまして、完成された人間というものは、その源を学習ということに拠っているわけです。もちろん人間と人間との間の違いというものはあります。しかし教育というものによって人間として完成させられるのです。もちろん生物学的に考えまして、生物学的環境のなかでも人間として育つということはありますけれども、それはただ生物学的な人間であるにすぎません。つまり教育というものがなければ、完成された人間というものは育たないのではないかと思います。しかしじっさいは、はっきりした境界線を人間と動物の間で立てるということは、むずかしいのではないかと思います。

といいますのは、高度に発達した類人猿、たとえばチンパンジーとかオランウータンですね、そういったものを考えてみますと、そこに学習というものもある程度は認められるわけですから、いまおっしゃったように、AであればBでないというふうな区別をもしするとするならば、いまいったような帰結に達すると思いますけれども、じっさいにはその決定はきわめてむずかしいのではないかと思います。その例として、たとえば狼少年といわれるような、生物学的には人間であるけれども、人間としての属性というものをほとんどもち合わせていない人間の例が存在するわけです。だから境界線をどこにひくかは、きわめてむずかしいと思います。ブッシュマンとふつうのおとなとを比べてみましても、そこにはっきりした境界線を設けるのはきわめてむずかしいのではないかと思います。

ここで一つ付け加えておきたいのは、もしこのように人間というものが学習あるいは教育というものに負うところが大であるとするならば、いろいろな教育をうけたあとにもかかわらず共通性があるということ、すなわちどうして似通った姿になってしまうのかということは、驚くべきことになるかもしれません。

今西　教育のだいじなことは、私も認めております。問題は教育の内容ですね。そのまえに動物と人間ということについて、もうすこし一般論を述べさせてもらいますと、動物と人間といっても、いまはそのちがいが問題になっていますけれども、似ているところもたくさんあって、似ているところをとればお互いにどこまでも似ているし、ちがっているところをとればどこまでもちがっているというのが、動物と人間の場合のみならず、一般に生物と生物とを比較した場合にいえるのでないかと思うんです。ではどうしてこういうことになるのかといいますと、前回申しましたように、この地球上の生物はすべて三二億年前に出現した原初の生物の子孫なのですから、くわしく見ればどんな生物のあいだでもなにかつながりがあって当りまえだ、ということなんです。ただ、教育なんていう問題が出てくるのは、この三二億年の進化史からみたら、ごく最近のことで、人類でも大脳が相当発達した段階においてはじめて可能性が出てくる。そうすると、われわれの大脳と比べたら、チンパンジーなんかはその容量が約半分しかないのです。そして、ここのところのちがいが、教育なんていう問題をとり上げると大きく物を言うてくるんですね。チンパンジーにはわれわれにおいてみるような教育がありませんから。ところが、いまから三〇〇万年ないし五〇〇万年前にこの地球上に生活しておった人類の祖先――猿人という言葉で呼んでいますけれども――の化石をみますと、頭の大きさがいまのわれわれほど大きくないんですね。もしわれわれにみるような教育の存在をもって人間の特徴と見なすならば、脳容量がいまのチンパンジーぐらいしかない三〇〇万年～五〇〇万年前の猿人は、いまのチンパンジーに認められないのと同じように教育ということを行なっていなかった。したがってまだ人間の資格をもっておらなんだということになりますね。そんなら化石学者が猿人を調べて、これはまちがいなく人類の祖先やというているのは、なにを根拠にしているのか。頭の大きさではそうはいえんのです。

人類の起源、はじめに直立二足歩行ありき

今西　専門家の調べによると、この三〇〇万年～五〇〇万年前に住んでおった化石は、直立二足歩行をしておったことが明らかになった。それで今日では人類の祖先と類人猿の祖先とを区別する決め手に、直立二足歩行をもってくることになったのです。化石が出て、直立二足歩行をしていたという証拠が上がったら、これは人類の直系の祖先やとこういうことになる。直立二足歩行をしておらなんだら、これはまだ人類になっておらぬ人類の前身、すなわちまだ類人猿の一種

だ、ということになるのですね。

それで結局、人間が今日の人間らしさを発揮するのは、ずっと後になって大脳が大きくなってからである。それから手先の器用さということも、やはり初めからでなくて、直立二足歩行をするようになって、もっぱら手が使えるようになったので、いろいろなものをつくり出すようになったのである。そうすると、まず根源的に直立二足歩行ということがあって、これが達成されたことによって大脳も発達したし、手も器用になったのだと、順序からいうたらそういうことになるのですね。そうすると、いちばん初めの直立二足歩行というのはどういう条件のもとにおいておこなわれたか、これが人類の起源をさぐる上においていちばんだいじな問題になってくるんだけれども、その辺のところでいっぺんハイエクさんのご意見を聞かしてほしいのです。

ハイエク その点に関しましては、私が人類学者から教えられたことを繰り返す以外にないわけですけれども、人類学者が言っているところによりますと、アフリカの乾燥化が森林の後退をうながし、サバンナ（savanna）で生活せざるをえない状況になって、樹上生活から地上生活に移り、その状況が歩行ということを必要として、また腕が使えるという状態になった。つまりサバンナで生活できるためには、直立の姿勢で手が自由に使えるということ、そういう状態がもたらされなければならないということになった。そしてそのあとで石であるとか、いろんな道具を扱うことができる能力を獲得してきた、というふうに私は人類学のほうから教わっているので、私は単にその教えられたことを繰り返すだけです。

今西　まさにダーウィン流の効用説といいますか、適者生存説ですね。ところで、いままで木の上におって二足歩行でなかったものが、地上へおりて二足歩行になったというときに、人類学者は、そういう同じ環境のもとにおいて、すべての個体が二足歩行に移ったといいましたか。それとも、一〜二の個体が直立二足歩行に成功して、そのあと今日の何十億の人類はそのものの子孫であるというふうに考えているのですか、これが第一問です。それから第二問は、木の上に登ったり降りたりしていたというときのことを考えると、類人猿であるゴリラ、チンパンジーをはじめ、たくさんのサル類がアフリカにおりますが、それらはなぜ直立二足歩行に移らなかったのか、それはやはり考えておかなければならん問題なんですが、この二つのことについて言うてください。

人類の進化をめぐって

ハイエク　まず最初のご質問に関してですけれども、一つの個体以上で同じ突然変異が起こったということは疑いないことと思います。かれらがサバンナに出て新しい集団を作り、さらに新しい形質を獲得します、あきらかに一つの種だけが変化したのではなくいまでは人類以前の、あるいは初期人類の多くの種が変異を起こしたとされています。これらの多くの種が隣りあって住んでいた。もしロバート・アードレーの説が正しければ、もっとも成功した集団が他を排除してしまった。こうした〝人々〟はかなり少数の祖先から分れた子孫たちであったかもしれません。しかしその進化過程がどんなに長いものであったかを考え、またどの集団もそれぞれの遺伝子をもっていたことを考えあわせれば、不成功の集団が成功者の集団に加わり、それがまた新しい選択の過程を生むということもあったでしょう。ともかく、最終的にはただ一つのタイプだけが残った。そのタイプが新しい条件にもっとももよく適応したのだといえるでしょう。長い時間経過を考えれば、じゅうぶんありうることです。今西さんのいうもっともサルらしい先祖までは三百万年あります。遺伝子の変異もじゅうぶん起こりうると思います。そして約三万年前まできて、やっと人類の文明が生まれたのです。要するに長い時間を考慮に入れれば、一つの個体の突然変異でも、その影響は小さくない。稀な突然変異も大きい集団、部族にまで拡がることがあるといわれます。

遺伝子の変異で二足歩行が成功したのか

今西　私が質問のときにわざわざ一～二個体といいましたので、そういうふうにおっしゃったのかと思いますが、遺伝学のほうでいう突然変異というのは、アトランダムに単発するのです。けっしてそんなものが同時に多発するとか、続いておこるとか、そういうことは遺伝学では仮定しておりませんね。つまり一個の突然変異を考えて、それから説明しようとしているんです。この点がまえから私には不満であったので、わざわざ一〜二個というたのですけれども、一個以上ということをいうならば、もっと多くてもええということになってきて、そうすると、全個体がかわるのやないかということが言いたくなる。

それからこの問題は、直立二足歩行の起源ということについて呈出されているんですね。それが遺伝学者のいうように突然変異というものが次々と出てくるのにひまのかかるものであったら、何年ということは別としても、その間人類は二足歩行しているものやらまだ四足歩行しているものやらが、混じって生きていんならんということになって、これはたいへんおかしな話やということになりはしませんか。遺伝学のほうは数学を使っているといいますが、これは仮定によって数式をもてあそんでいるので、どんな数式でもできますわね。しかし自然においてそれが検証されているかというたら、そこが問題であって、私なんかはとにかく自然において検証されないことは信じないという立場なんで……。

だから、ちょっと長くなりますけれども、この前もハイエクさんは、各個体はそれぞれ遺伝子の構成がちがう、とおっしゃった。これは私も認めます。しかしその違いというものと種の生き方というものが結びついてこなければぐあいが悪い。遺伝学でいえば、少数のもの、分布の周辺部にいるというようなものは、中心部よりも遺伝子の偏りがきつい。そういうところのものが離れたら、つまりその遺伝子の偏りがもとになって、違った種類ができるということが予想される。これも事実から引きだしたのでなくて理論です。一九三五年くらいですか、アメリカのシュアード・ライトという人が出した「ドリフト・セオリー」という理論です。私がなぜこの説を高く買っているかといいますと、これで行くとナチュラル・セレクションというものを持ってこなくても、新しい種のできる可能性をそのなかに含んでいるからです。つまりこれはナチュラル・セレクションに触れないで種の起源を説明できるひじょうに有力な説である。しかもちゃんと数式で説明しているので、たいした説が出たなと思いました。

しかし実際はどうかといいますと、これは周辺部が切れてというのではないのですけれども、個体ごとに遺伝子の構成がちがうという点からいえば、商品なんかの行き来について日本から昆虫がアメリカへ行ったり、アメリカのものが日本へ来たりするんですね。それはごく少数のものが来るだけです。大量にはとても来られないですよ。何かにくっついて海を渡るのやからね。たとえば、もう五〇年以上も前ですが、日本からジャパニーズ・ビートルというのがアメリカに渡り、あちらで大発生しまして、ひじょうに問題になったことがある。それから戦後になってアメリカからセイタカアワダチソウというのが日本へ入ってきて、関西一円に拡がりましたね。とくに造成地なんかで。そういうようなのだったら、そう長いこと時間をかけなくても、さっきの個体ごとに遺伝子の構成がちがうという立場からいうたら、少しは変わったものがアメリカにおいても日本においても出てこなければおかしいなという気になるのだけれども、しかし依然として種はかわっておらんのです。そうすると、遺伝子の構成のちがいということだけで個体を論ずるのならよろしいけれども、種まで論じられるかというところに、私の大きな疑問がありますね。

だから、ハイエクさんのおっしゃることは、この前もそうですが、今日の正統的進化論の主張をひじょうに忠実にお述べになっているんですが、しかし私はそれに賛成できない立場におる人間やから、困りましたな……。この前はどうやら嚙み合いそうなところまできていたんですが、やっぱり嚙み合いませんな。ハイエクさんは進化をなにか因果的に説明しようとしておられる。この前は進化にはローはないとおっしゃったんで、それなら嚙み合うんやないかと思ったけれども、遺伝学者の言うようなことをかつがれると、そこでは自家撞着に陥るのではないかという気がする。

桑原武夫　エヴォリューションには法則性がないとこの前おっしゃって、いまのご説明は木から降りてくるとか、そのことではやっぱりロー的に説明しようとしておられるようである、それがハイエクさんにおける矛盾ではないかという質問なんですね。そこが少し話が長すぎたので……。もう一つだいじなことは、二足歩行と四足歩行が人類の社会のなかに共存した、ということ……。

今西　そういう遺伝子をついで二足歩行しているやつと、そういう遺伝子をもっておらんためにいまだに四足歩行しているやつとが混じっていたのではおかしいのではないか、といったのです。しかもその混在が長時間にわたるようでは。そこで二足歩行のものが四足歩行のものを滅ぼしたとか何とかいわなければならなくなるのでしょうけれども、そうなると、ダーウィニズムそっくりで、生きのこったものはつねに強者であり適者であるという同義反復に陥るのが関の山でないでしょうか。

——このまえ今西さんがおっしゃって、ハイエク教授も同じことをおっしゃった点は、いま桑原さんが指摘された点ですね。変化には法則がないとおっしゃった。今西先生は変わるべくして変わる、と。ハイエク教授も、すべて目的的な法則はない、順位的なものは考えられない、どんな要因でかわってても自然にかわっていく、その点ではプロセスだということで一致された。そのプロセスの一致された点から見て、きょうの遺伝学的なハイエク教授の解釈は自家撞着してないかということが先生の問題点なんですね。

今西　とにかく適者が生存したという確証がないのに、結果論的にみて、生存したものはすべて適者であるというのは、論理の逆立ちである。

桑原　それからちょっとついでですけれども、直立歩行ということと、それからもう一つ脳髄の——これは私はまったく素人だけれども、このお二人の間では疑問になっていないかもわからないけれども、私などが聞くと疑問があるのです。これは今西さんに教えてもらったらいいのですけれども、人間と動物とを脳髄の容量で考える。古い本でV・G・チャイルドが『文明の起源』で、ゴリラのオスの脳髄の大きさ（重さ）はブッシュマンとかホッテントットとかの女性の脳髄より重いということを書いてあったところに私たいへん興味をもっているのですが、それは事実として間違いないかどうか。もしそういうことがあるとすれば、脳髄の大きさで区別ができないということが出てくる。それが質問の一つです。

今西　それについて答えますが、ゴリラのからだ全体というものを考えずに、頭だけで比べたらいかんということです。

桑原　全体とこれとのプロポーション、わかりました。それからもう一つは、ハイエク先生がさきほどワイルド・チャイルドの問題を出されたんですけれども、その狼少年は早く死にますけれども、もし少し長生きすると、彼は直立歩行するのですか、せんのですか、それはどうですか。

今西　直立二足歩行はすぐしたのとちがいますか。しかし、言葉だけは最後までしゃべらなかった……。

桑原　できませんやろ。

今西　言葉はやはり覚える時期があって、それをそのときにやらなかったら、あとからでは手おくれということですね。

桑原　バブリングをあるときにやってなければ、あとで言葉を教えても覚えられないということは言語学者がいっているわけですね。

今西　それからもう一つ大事なことは、オオカミの習性を見ならって四つ足で走っていたといいますけれども、人間ではオオカミのまねはとてもできんと思うんですよ。そこのところで、あのゲセルという人の報告は、少し行き過ぎではないかという批評が出まして、このごろは心理学のほうでもウルフ・チャイルドはあまり引用せんことになっている。

桑原　あれを見ると、四つんばいで走っていたと書いてあるけれども、身体の構造からしてそういうことは不可能ではないかという感じを私はもつんですけどね。ですから、そこがどうなるかということを承っておくと、あとの直立歩行の問題は、ワイルド・チャイルドを抜かしたほうがほんとうはわかりやすくなる。

今西　オオカミのなかに入っていたら、オオカミと同じように走れるようになるかといったら、これは身体の構造からの制約がありますから、絶対にオオカミのようには走れませんね。

桑原　できないでしょうね。

——あれは精神薄弱児だったという説もあるのです。そのケースが、たまたまちがって学問の領域にほんものとしてはいりこんだ……。さきほど今西先生がいわれた遺伝子の周辺部に偏りがあるというのは……。

自然選択（淘汰）説では進化の道筋は説明できない

今西　遺伝子プールの周辺ということですね。プールのまんなかのほうであればしょっちゅうクロッシングがおこなわれて遺伝子がまざるけれども、周辺部のポピュレーションまでは、全部の遺伝子がまざり切らないということで、これも遺伝学上の一つの仮説です。

ハイエク　途中ですけれども、突然変異が一つひとつ起こるものであるというふうに言われたのですけれども、たしかに一つひとつだけれども、再発するといいますか、何回も起こる現象であるというふうにいまちょっといわれたのですけれども。

今西　これも受け売りですが、遺伝子の突然変異の起こる率というものがありまして、遺伝学者のいうところによると、同じ突然変異がもう一回起こるというのは、ひじょうに稀なケースになるんですね。

ハイエク　さきほどの二つめの問いにお答えする前に、いま今西先生のおっしゃったことにたいするコメントを先に言わせていただきたいと思います。遺伝子浮動と自然選択の間に必ずしも矛盾はないと私は思います。新しいある島に持ってこられたものが発達していくときに、まったく新しい突然変異がないという場合もあるのではないか。そしてある遺伝子の組み合わせというものがその島で発達していくということがあるのではないかと思います。数学的な確率としては、たとえばある環境にまったく順応しえないような遺伝子の組み合わせが生まれてくる可能性も数学的にいえばないわけではないと思います。そしていまの遺伝子浮動と自然選択は私は同時に起こりうるプロセスであると思います。そしてさきほどの島に移り住んだもののように、小さなグループの場合にはそのように考えられます。そして多数のグループにおきましては自然選択が優勢な力ではないかと思います。しかし自然選択は優勢であるけれども、それが必ずしも予告しうる結果を導くわけではない。いかに優位に立つか立たないかということを考えてみても、それがどのように発展するか、どのように選択されるかということを予測することは不可能であると思います。

今西　それではもうちょっとコメントをつけ足しておきますが、人類の第三大臼歯、これは日本人に関するかぎりは、縄文時代から欠如している人がおったんですな。これは現在でも進行中です。だから、何万年かかるかしれませんが、これこそ長い時間かけたら人類は多分第三大臼歯がないということになるかもしれない。では、第三大臼歯のない人は、なにか得をしているかというと、別に選択にかかるような得はしていない。それにもかかわらず第三大臼歯の退化ということは、われわれと関係なく進行している。これは一つの進化の実例ですね。

それから、このごろ私が言い出しているのは、赤ん坊が手を開いて生まれてくる。これなんかも選択でなくて、あんたのところの赤ちゃんも手を開いていましたか、うちも開いていたけど、恥ずかしかったから言わなんだのやという、そんなお母さんがあっちこっちにできているんです。これなんかも、手を開いて生まれたら得するとか、その子供が生き残る可能性が多いとか、そういうこととは関係ないんですな。ダーウィンでさえも、私はすべての進化を自然選択だけで説明しつくせるものとは思っておらんと、著書の中に書いているんですからね。ですから、さっきもちょっといったように、生きのこったものはすべて自然選択の結果生きのこったのだというように解釈することは、ダーウィニズムの買いかぶりすぎというか、ひいきのひき倒しやないか、ということを言いたいのです。

ハイエク　さきほどの二つめの質問というのは、チンパンジーとかゴリラがどうして二足歩行にいかなかったかという点ですけれども、その質問にたいする答えは比較的簡単にいえるのではないかと思います。といいますのは、数の小さな集団の場合には変化の必要性というものも少ないといえるからじゃないかということです。もしより小さい森林がじゅうぶんな食料その他の条件を少数個体の集団のそのためにもっていれば、そこには変化の必要がない。つまり古い環境のなかで生きのびていくことが小さな数の集団であれば可能であろう。アフリカ大陸の熱帯降雨林は縮小したけれどもいくつもの島のように残りました。ですから、もし大陸全体が乾燥してしまったということであれば、すべてのアフリカの森林の霊長類は絶滅したでしょう。小さな環境でいいということで考えてみれば、その小さな環境のなかで少数のものが生きのびるというのは考えられるのじゃないかと思います。新しい環境においてこそ、はじめてそれに順応する必要性というものが出てくるのではないかと思います。

そして遺伝学というものに関して最初の問いに対して言われましたコメントについてですけれども、遺伝学は単に変化を説明するだけではなくして、その状態を保つ圧力をも説明するのではないかと思います。つまりいまもっている特徴を保つプレッシャーというものを説明するのじゃないかと思います。その例としては、たとえば人間であれば人間の盲腸というものがあるわけですけれども、これがなくなるためには時間は長くかかるでしょう。しかしそこに積極的な保存のプレッシャーというものがあると思います。それからいまいわれました第三大臼歯というのも、同じその例になると思います。このポジティヴ・プレッシャーというものがあって、そのようなものが消えていくということになるのではないかと思います。

それからさきほどの新しい環境が生じたときにだけそれに適応するということが起こってくるということに関しまして、それをもう一度言葉をかえていいますと、ニッチェ（住み場所）を考えてみまして、古いニッチェがつづくならば古い生物がそのまま生きのびるのであって、その環境が変わらないかぎり、種のかわる必要性もないのではないか、ですから、種がかわるためには環境がかわるということが考えられるのではないかと思います。

今西　環境の変化を考えることは結構なんですけれども、それなら、環境が変わったときにどうしてそれに合うような突然変異が生ずるかということですが、遺伝学者はこれに対してなにも説明しておられんのです。たとえば実験室で放射線をあてたりしていろいろやっているけれども、もうひとつうまいことといかない。それで広島と長崎に原爆が落ちたときに、これは実験室で実験できんくらいの大きな、ショッキングな刺激を与えたことになるから、そうすると、日本では植物や動物のかわった種が発生している可能性があるというので、アメリカからたくさん学者が調べに来たですよ。ところが、結局新しい種はいままでの調査ではできてこなかった。ですから、いちおうご説ごもっともということで、遺伝学偏向の進化論にも耳を傾けますけれども、つまりラショナライゼーション（rationalization）はそれでいいのかもしらんけれども、事実はどうかということですね。

事実というものについて進化の一番の証拠になるのは化石です。これ以外に進化を直接説明するものはないわけですね。ダーウィン時代からもう百年たちまして、地質学者や古生物学者の努力でずいぶんたくさんの化石が発掘されるようになった。たとえていうたら猿人なんていうものも、ダーウィンは全然知らずに世を去ったわけですね。それで化石をずっと年代順に並べてみると、順ぐりにある方向に向かって変わっていっているんです。これがダーウィン流のナチュラル・セレクションによるものであれば、滅びるものが出てこなければいかんのですね。だから、猿人なんかが発見されたときに、これは人類の祖先が滅ぼした種類やないかということを言うた人がたくさんいた。いまでも西洋人の頭にはまだダーウィニズムが残っているのです。そんならほんとうの人類の祖先でも、そんなにいつまでも、何百万年も長生きしているはずはないのやから、次から次へと死んでいるはずやから、そしたらその化石がなんで出んのやということで、もうええ加減一つくらい出てもええやないかというけれども、ついに今日まで出んのですね。だから、やっぱり化石を証拠にしているかぎりは、猿人から今日のホモ・サピエンスまである方向に向かって、たとえば頭が大きくなるという方向に向かって順次変わっているのであって、なにも適応とか自然選択とかいうものをもってこんでも、変わっていったということは事実やないか。そこら辺から私は進化というものは、変わるべくして変わっていく、というのです。ところでこの事実を素直に受けとらないで、はかない人智でもって説明しようというこのラショナライゼーションというのは、この世紀の一つの特徴でもありますが、また同時に欠点でもあるのです。だから、そういうことから早く脱却するほうが事実に忠実であるということにならないか。じっさい、いままでそういうことについて証拠なしに少し言いすぎているのです。

ハイエク　絶滅というものはあったと思うのです。恐竜、それからピテカントロプス、これは枝としてはいったん出てきたけれども、子孫をのこさないで絶滅していると思います。それから法則ということなんですけれども、いま今西先生のおっしゃったのは、ある固有の方向がある。インヘアレント・ディレクション（inherent direction）があるというふうなことをいわれたわけですけれども、進化に法則があるかどうかという点に関しては、むしろ私よりも今西先生のほうが法則があるというふうに考えられているのではないかと思います。どういうふうに進化するか、私は予測するということはできないと思うのです。したがって、いまおっしゃったある方向性が見られるというふうには思いません。

今西　いま、ピテカントロプスは傍系のもので、すでに絶滅したとおっしゃいましたけれども、まさにそういうことをみんな考えていたんですね。それで復元図やらをごらんになっても、猿人でもピテカントロプスでもゴリラみたいな顔をしているでしょう。だから、わしらの祖先はもうちょっとスマートやなかったかという気持ちがだれにでもあるんやね。ところが今日では、ピテカントロプスはピテカントロプスといわんのです。ピテカントロプス・エレクタスという名前がホモ・エレクタスにかわりまして、これはだいたい三〇万年から七〇万年くらい前に住んでおったわれわれサピエンスの直系の祖先であるということが、人類学者のあいだで認められるようになった。エレクタスは絶滅しないでサピエンスになったのです。

それから、ハイエクさんのお考えでは、ジーン（遺伝子）はちょっと棚上げしておいて、生物がかわるのは環境がかわるからかわるんだ、というんですね。それでさきほどもアフリカの乾燥化というようなことをおっしゃいましたけれども、その結果、どうして人類だけが直立二足歩行するようになったのですか。これは私の質問の第二問になりますけれども、アフリカのサバンナにバブーンもおるし、パタス・モンキーもいますが、みな四足歩行でけっこう生活しているのです。人類だってなにも直立二足歩行してなくても四足歩行で生活できたかもしれない。そもそも環境がかわるということは、生物にとってだいじなことであるにちがいないけれども、その結果として自分自身がかわるかどうかは問わないこととしても、自分自身がかわるということもまた環境の変化のなかに加えるならば、たとえば自分のからだがかわっていくでしょう。そしたら、それにたいしてやっぱり適応していかねばならない。そうすると、一つの種の個体は種レベルでは――個体レベルではちがっていてもみんな同じだと私がくりかえしいっていることは、同じものは同じ刺激にたいして同じ反応を現わすのだから、変わるべきときにはみな同じように変わるはずなんだということであって、まあ言うたら、進化というものはある程度まで種自身の自己運動があらわれているんやないか、というふうに私は考えているんです。そやから、変わったらまた変わったことが次の変化を呼ぶわけですね。だから、セオリーは私はあまり出しているつもりやなくて、物そのものに説明させよう、人間がへたくそな説明を与えるよりも、物そのものに説明させようというのが事実に忠実な態度であろうと考えているんです。

動物にも「文化」はある

今西　次の問題提起に移りますが、それは「文化」ということについてです。「文化」という言葉は、英語のカルチュア（culture）を私はそう訳しておるんですけれども、ヨーロッパ的な二者択一主義でゆきますと、文化は人間社会に特有のものであり、したがって人間と動物とは、文化があるかないかで区別できると考えている人がいままでたくさんおります。だいたい動物というものは、植物でもそうですけれども、生まれながらにして生きる道を知っているのですね。そやから単独ででも生きられるんです、生きるということだけやったら……。それをいままで彼らは本能、インスティンクト（instinct）によって生きている、といい慣らわしてきた。人間はこれに対してインテリジェンス（intelligence）によって生きるというふうに、インスティンクトとインテリジェンス、あるいは本能と知能とを対概念としてとり上げるのがいままでの行き方ですね。

ところが私は、生まれながらにしてできることは、これはいままでどおり本能という言葉で呼んでもよいけれども、生後に獲得したこと、習ってもええし、自分で編み出してもよいが、そういう行動をすべて文化と呼ぼう、というのです。これも二分法かもしらんけども……。そうしておくと、本能的行動というのはおそらく遺伝的にきまっているのでしょう。ジーンか何かが関係している、ということになるのでしょう。これに対して生後に獲得した行動というのは、かならずしも遺伝的にきまったものではないんですね。よく引き合いに出されるのは幸島のニッポンザルのイモ洗いでして、これはローレンツの本にも出てきますけれども、あれは一頭のメスザル、イモという名前のメスが最初にはじめた行動です。しかしその行動が、次第に群れの中に普及していった。それからもう一つあげると、食べ物の変化ということです。たとえばチョウチョウなんかですと、親が幼虫の食べる植物の葉の上に卵を産んでおく。そうすると子供は、生まれ落ちたところの葉を食うて大きくなったらええので、これはなにも本能に、あるいは遺伝的になっていなくてもよいのではないか、という問題があるのです。それで実験的にちがった植物の葉に卵をくっつけておいて、その卵からかえった幼虫がその葉を食ったとしたら、こんどはどういうことがおこるか、ということですが、その幼虫が大きくなってチョウチョウになったとき、自分が幼虫時代に食っていた植物に卵を産むようになるのです。こんなのをエソロジーのほうではインプリンティング（imprinting）という言葉で呼んでいますね。インプリンティングが可能であるということは、その行動がインスティンクトにまではなっておらんということです。そうすればそれは私の定義にしたがうとカルチュアだということになるのですけれども、ローレンツなんかはそういうところでカルチュアという言葉を使いませんね。これはおそらく同じ言葉でもドイツ語の場合と英語の場合で、表現する内容にちょっとちがいがあるのやろと思うんです。ドイツ語でクルツール（Kultur）というと、英語でいうカルチュアよりももうちょっと上等のものを指しているということになるのやね。そんならローレンツはこういうことをなんと呼んでいるかといいますと、これにトラディション（tradition）、伝統という言葉を当てている。それでも結構なんです。内容が同じやったらね。つまりカルチュアでも伝統でもよいが、そういうもので動物と人間を切ろうとしたって無理やということですね。動物でも哺乳類やトリのように、親が子供を育てねばならない段階になった動物には、大なり小なりみな、私にいわしたらカルチュアだし、ローレンツにいわしたらトラディションにあたるものがありまして、ニホンザルでも調べてゆくと、群れごとにこまかいところでちがいがでてくるのです。これはカルチュアあるいはトラディションの違いです。

人類の歴史は、さきほども申したように三〇〇万年から五〇〇万年前の猿人まではトレースできているんですけれども、そのさきがまだはっきりわからぬ。一四〇〇万年ぐらい前から出てくるラマピテカスという化石があって、これが人類の直系の祖先やないかと、八分どおりまで信じられているんですけれども、ただ全体の骨が出てこないために、直立二足歩行していたかしていなかったかということがまだ決定しておらぬ。だから、これもそのうちに解決をみるであろうと思っていますけれども……。

ここで人類史と関連して、一つ言っておかねばならんことは、三〇〇万年前に生存していた猿人が、もうすでに道具の使用者であったとともに製作者でもあったということです。石器が彼らの骨といっしょに出てくるのですから。そうすると、人類が道具を使いだしたのはいつごろからなのか。これはたいへんおもしろい問題ですが、私はこれに対して、直立二足歩行と同時に道具使用がはじまっているという見方をしているのです。

ハイエク だんだんと意見の一致の方向が出てきたのではないかと思います。まず、日本の学者である伊谷純一郎氏らはニホンザルの文化進化の問題について多大な貢献をされていらっしゃると思います。幸島のサルのイモ洗いはすばらしい例です。ほかにもトリの仲間でガラパゴス島のフィンチ（スズメ科のトリ）が、植物のトゲを昆虫をつまむ道具として使う、そういうふうな例をきいたこともあります。だから動物と人間を文化の有無ではっきり分けることはできない。文化の進化と有機体の進化にはよく似た過程が考えられると思うんです。ただし、文化の進化においては、獲得された新しい要素の学習と伝達の速度が生物の進化、有機体の進化よりもはるかに速いものであると思います。成功した例の模倣や選択は、文化の方が早い。私はいつも、ダーウィンの進化のアイデアは社会科学者から得たものである、と主張しているのですが。言語学者や法学者はずっと以前から進化の過程については注目していました。その言語や法律などの文化の進化は、〝獲得形質〟をとり入れますから速度が速い。生物の進化ではそれが起こらない。しかしいずれにせよ、ホモ・サピエンスと動物——高等動物ばかりでなく、昆虫などもふくめて学習することのある動物との間に、明瞭な区別をつけるわけにはゆかないのです。

文化の進化の議論は、いま私をもっとも興奮させる話題です。なぜなら、それは生得的な特性と、文化的な特性が重なりあい、それが葛藤を起こし、しばしば後者が前者を制約するという現象をしめすからです。これは深刻な葛藤で、そのために私たちはこの世であまり幸福でない。動物的な特性と大社会を維持するために必要な学習された文化的ルールの矛盾があるからです。このあたりでは私たちは合意できそうですね。

桑原　きいていると、ハイエクさんは「文化」という言葉のかわりに「伝統《トラディション》」という語を用いているようですね。

ハイエク　どちらでもいいのです。ただ「文化」というと誤解を招きやすいので避けて「伝統」といっています。「北のニホンザルの文化と南のニホンザルの文化」などというとドイツ人など目をまるくしてしまいますのでね。でもそのように用いられてもかまわないと思います。

言語の起源について

今西　最後になって、とつぜん言葉ということが出てきましたので、言語の起源について一言申しますが、聖書には「最初にことばありき」と書いているそうですけれども、私は「最初に直立二足歩行ありき」で、それにくらべると言語はひじょうにおそくならんと出てこないんです。人類の脳容量が今日と同じくらいになるのは一〇万年くらい前ですけれども、私はすくなくとも、この一〇万年より前に言語の発生を認めるべき根拠はないと思っています。実をいうたら、もっと近いところへもってきたいのですけれども……。

ところで、この言語だけは絶対にほかの動物には認められない現象なんです。逆にいうと言語を得てから、はじめて人間が人間らしい物の考え方をするようになるのであって、言語がない時代には合理的な物の考え方なんてできやしませんわね。だからひじょうに新しい。新しいからいまはまだそれに酔うているところがありますけれども……。それなら言語のない時分に過ちなくどうして暮らしていたのやといいますと、私は動物の生活を見て、これはインサイト（insight）に導かれていたというのです。洞察です。洞察で善処してきたというのです。洞察もまたインスティンクトの一種だろうか。これはちょっと心理学者にきいてもその返答に困るでしょうね。エソロジストだって満足な答えはできんと思いますよ。しかし洞察で過ちなく生きつづけてきたのやね。もちろん喜怒哀楽なんてものはイヌにでもネコにでもありますし、彼らも洞察することはできる。しかし彼らは理性的な判断にもとづいて行動しているのではない。彼らには言語がありませんから。

——以心伝心……。

今西　以心伝心も洞察でしょう。とにかくその場の状況というものを直観で判断するんですな。だから、洞察というたけれども、これを直観と言いかえてもそう大きな間違いではないと思うんやがね。しかし、それだけやったら今日の文明はできないんですよ。文明の基礎には、やはりロジックがはたらかなければ成り立たなかったと思うし、そのロジックは何から出てきたかというたら、言語の発生によってはじめてロジックをコントロールするようになったのですね。だから、そこまで来てはじめてシヴィライゼーション（civilization）の問題に移るわけです。洞察だけで暮らしてきた狩猟採集時代というのは、ひじょうに長いけれども、言語以前で、おそらくそれは一〇〇〇万年以上つづいていたんでしょうね。

言語も自然発生した

今西　それからもう一つ最後につけ足したいのは、それならなんでそんな新しいところへ言語の起源をもってくるのやということですね。いままでの言語学者はみんな単源説あるいは単系説で、一ヵ所で言語は発生して、それが伝播によって世界じゅうにひろがった、ということを前提にしている。べつに根拠があってそういう前提を立てているわけではないのです。これを私にいわしたら、頭がある程度発達して、そしてある時期がきたら、人類である以上はおのずから言語を獲得するようになる。獲得するべくして獲得したのであり、しゃべるべくしてしゃべったのである。そして、こういうことが世界の各地で起こったとしたら、いくら単系で説明しようと努力してみても、できるはずはないのです。ところでインド・ゲルマン系の言語というのは、人類史からいえば比較的新しい時代におこった民族移動に伴なって一つの系統の言語が移動したのであるから、これなら単系説で説明できるかもしれないけど、これをモデルにしてその他の言語の起源をも説明しようというのは、とんでもない話である。日本語だってどこから来たのかと問いだせば、けっきょくわからないことになりますよ。それよりもある時期にいろいろな言語が、それぞれの土地で自然発生したと考えたほうが、よいのではないか。直立二足歩行が人類の中の一個人から発生して拡がったのでないのと同じように、言語だって人類の進化のある時期に、どこに住んでいる人類にも自然発生したと考えておいたほうが、私は進化観として首尾一貫すると思うのですが、いかがなものでしょうか。ではコメントがあったらハイエクさんにコメントしてもらって、今日はこのへんで終わりにしましょうか。

ハイエク　簡単に私のコメントを言っておきたいのですけれども、私は言語というものは狩猟のための道具のように狩猟採集時代に発達しはじめたものだと考えております。声を使う発声器官の発達は、一〇万年あるいは二〇万年以上も前のことになるのではないかと思います。そのころの狩猟時代におきまして、グループ——小さなグループですけれども、そしてその言語というのは限られた小規模な集団のための言語ではあったでしょうけれども、そこで音を使って、声を使ったコミュニケーションというものが発達したのではないかと思います。といいますのは、狩猟をするときに音を使って指示をするということが必要であったのではないかと思います。そのことがコミュニケーションとして口腔を使うということ、それを選んだということによって示されているのではないかというふうに思います。

今西　またしても効用説ですね。ナチュラル・セレクション・セオリーのちょうちん持ちですね。人類学のほうでは、いまネアンデルタール人に言語があったかどうかということが、問題になってきているのです。それからいろいろな狩猟採集生活者を、われわれの仲間が調べに行っていますけれども、彼らの行なっている狩猟ならインサイトでいける。だいたい狩猟なんていうものは、単独でやるか、仲間がいてもみんな沈黙のうちに目と目で話をしながらやるべきもので、いちいち号令をかけてリーダーが命令するというような、戦争みたいなこととはだいぶんちがうんですな。ハイエクさんのおっしゃったような効用説は、私もうんざりするほど聞かされてはいるんですが……。

それでネアンデルタール人が言語をはたして使っていたかどうかということを、人類学者たちは化石ののどの骨のかたちなどから、確かめようとしているようですね。

桑原 今西君なんかが前に使っていたサブヒューマン・ランゲージということをだれか書いている人があったでしょう。

今西 私どもはサブヒューマン・カルチュアという言葉を使いますけれども、サブヒューマン・ランゲージというのはあまり使いませんな。

桑原 それから伊谷純一郎君やらがやっていたサルのコミュニケーションというのがありますね。あの問題はいまどこまで行っているのか、どういうふうになっているのか。

今西 伊谷君もそういう意見ですが、ニホンザルあたりの音声によるコミュニケーションと、人間のランゲージによるコミュニケーションとでは、四足歩行と直立二足歩行ぐらいのちがいがありますね。それからニホンザルの音声によるコミュニケーションというのは、むしろ群れという場を対象にしたものであって、かならずしも個体対個体のコミュニケーションに役立っているものではない。個体間のコミュニケーションはゼスチュアを使うことはあっても、むしろ沈黙のうちに行なわれている場合が多い。つまり洞察で間に合わせているのである。人間が個体間のコミュニケーションに言語を用いるようになったのも、言語が使えるようになったからそれを用いるようになっただけで、言語の発生を自然発生とみるかぎり、そこに効用や必要の入りこむ余地はない、と私は考えています。

Ⅲ　文明

言語発生は個体オリジンか集団オリジンか

今西　それでは私から始めますが、いままでの二回の対談の感想を先きに述べます。第一回のときに、ハイエクさんのお考えと私の考えとが、あるところまでうまく歩み寄るような気がして、ひじょうにうれしかったのですが、第二回は必ずしもそういうふうにいかなんだように思っております。きょうはいよいよ最後の回ですので、できるならばもう少し歩み寄りが、できるところまで話が進むとよいと思っております。じつは先日いただいたハイエクさんのこれは講義録（「人間的価値の三つの起源」ホップハウスレクチャー、ロンドン・スクール・オブ・エコノミックス）ですか――この論文を読んでみましたところが、もっともっと歩み寄りができてもいいのではないか、という気がするんですね。しかし、なにかまだもうひとつそこまで行きませんので、きょうはひとつ近寄れるところまで近寄りたいと思っております。

それで、前回の最後のところで、人類社会における言語の発生という問題が出たのですが、言語が何万年前に発生したか、あるいはどこで最初に発生したか、ということはしばらくおいて、その言語の発生の仕方ですが、だれか天才的な個人があらわれて、言語を生みだし、それをほかのものがまねることによって、言語というものはひろがった、というふうにお考えになりますか。この場合、天才的な個人の出現は突然変異で説明がつくかもしれませんが、ほかの連中も、この天才の生みだした言語を、まねてしゃべれるだけの進化を遂げているのでなかったら、まねしようにもまねられぬはずですね。

ハイエク　私は言葉の問題の専門家ではありません。しかし言葉の発生というのも、一般的な問題の例であると思います。つまり一般的な問題として言語にもあてはまる問題があると思います。それは人類のルール・オブ・コンダクト（行動規範）の獲得という一般的な問題の一例になると思うわけであります。つまり行動規範というものがいっしょに生活をするということを助けていく。そして多くの数の個体による集団というものを可能にしていくためのものが、行動規範であります。そして私は、この言語の獲得のプロセスというものは、緩やかで徐々に進んだものだと思います。したがいまして、ある特定の時点をとらえまして、そこでサインが一挙に文（センテンス）に変わったというふうなことはいえないと思います。もちろん音声によるコミュニケーションの試みが、脳の構造をかえていくことを助けたということは考えられると思います。ですから、突然の言語の出現ということはなかったと思います。そうではなくして、むしろ文化の進化過程の結果であろうと思います。ですから、生理学的な突然変異の結果であるとは思いません。そうではなくして、学習能力の変化ということでとらえたいと思います。つまり、学習によってより複雑な表現や議論をすることのできる能力をそなえてきて、それが一般化した、というぐあいにとらえるわけです。

もちろんここには厄介な一つの問題があります。たとえ言葉は、親たちから学ぶものとしても学習能力は学んだということにはなりません。そうしますと、ここにふたたび生理学的な問題がおこってくると思います。私たちはコミュニケーションの手段のうちのひとつである言語を獲得したわけですが、それが可能になったのは、生理学的な可能性があったからだといえます。しかし言葉の問題は文化の進化に属すると思いますし、まだいまでも続いている文化の進化の上にあるものです。そして文化の進化というものは、生理学的な進化より速度の速いものであります。文化の進化の場合には、その学んだものを次の世代に伝えていくことができるということ、それが生理学的な進化と異なっている点だと思います。

今西　ちょっと私の質問が十分理解できなかったかと思うんですが、言語がいちばん最初にできてきたときに、もちろんサルでも群れ生活しているし、人間も少なくとも五〇人くらいの群れをつくって生活をしておったと思いますが、そのときにだれか天才的なものが最初に出て言語というものをはじめるとしても、ほかのものがみなこの天才と同じように、しゃべれるところまで来ておらなかったら、言語がその社会に成立したとは、いえないのではないか、ということをいったんです。これを引っくりかえして考えますと、だれでもがしゃべれるところまで来ているということが、言語成立の条件である。そうであるならば、あえて天才の出現を待たなくても、そのうちだれかがしゃべりはじめるにちがいない。それが私の考えている言語の自然発生なんです。

言語は現われるべくして現われる

ハイエク　最初に一人の天才がいて言語をつくり出したというふうには私も信じません。といいますのは、話しはじめる前に知能（インテリジェンス）があったということは考えられないからです。むしろ逆に言葉を学ぶことによって知能というものが生まれてきたと考えるからです。つまり天才といわれますその天才というのは、知能をもっているということだと思います。それが英語でいいますとリーズン（reason）理性ということになるわけですけれども、理性というのは言葉の結果であると思います。ですから、言葉が知能をもっている人によって発明されたとは思いません。その逆で、言葉が知能をつくり出したというふうに考えるわけです。

今西　言語の発生は、はじめは一人から始まったかもしれないが、その他大勢もしゃべれる段階までできていることが大切で、しゃべれるものやらしゃべれないものやらが混在しているというのでは、同じ社会の中に四足歩行のものやら直立二足歩行のものやらがまじっていてはおかしいのと、同じようにおかしいことになる。ハイエクさんはダーウィン流に進化は徐々に進むというお考えのようだけれども、現象としてみれば、二足歩行がはじまるときはみな二足歩行に移り、言語がはじまるときはみな言語をしゃべるようになったものではないでしょうか。

ハイエク　一人から始まったとは思いません。そうでなくして、多くのグループが次から次へと徐々に改善していったプロセスというものを考えます。

今西　困りましたね。もう一度くりかえしますと、たとえば直立二足歩行のはじまったときでも、グラデュアルに蓄積されていったとおっしゃいましたけれども、そうすると、同じ人間社会のなかで、立っているやつやら四つんばいのやつやらが混じっているということになって、これはひじょうにおかしい。言語というものも、やっぱりできだしたら社会の全員にひろがるとともに、その言語がある程度機能をはたすところまで、急速に言葉の数をふやすのでなかろうか。これはわれわれの子供がしゃべりだすときを見てもわかることで、いつまでも片言の段階でとどまっているようなことはない。彼らは言語の機能をはたすために、急速に使える言葉の数をふやしてゆくのです。だから私の考え方は、言語発生までの準備段階はグラデュアルに進んでもよいのですけれども、いったん準備がととのったら、言語は一斉に花の開くように、社会の全員に普及して、その機能を発揮する。

桑原武夫 そうすると、そこで言語の発生をハイエク先生は漸進的にグラデュアルに考えていらっしゃる。それを今西君の説では瞬間といいますか、突然変異的なものとして、突然の出現。

今西 それはじっさいは突然変異ではないのです。機が熟して現われてくるのです。現われるべくして現われるのです。

――すっかり成熟しているということですね。

今西 セミが出口の穴を掘って、いい天気になるのを地下で待っているようなものですね。いずれはしゃべらんならんようになっておるとき、だれか一人がしゃべったら、それにつられてみんなしゃべるんです。直立二足歩行のときでもそうなんです。そうでないと、片方がしゃべって片方がしゃべらんとか、片方は二足歩行で一方は四つ足とか、そんな体裁の悪いことになったら、種の立場が崩壊する。みんな種の構成員なのやからね。

桑原 ぼくが突然変異といったのはミューテーションのことではない。一挙に……。全体が成熟してきているけれども……。

――一人が火をつけると全部にひろがるような条件が熟しているということですね。

桑原 そういうことです。

今西 火つけ役はだれであってもいいのです。かならずしも天才でなくてもいいんですよ。

言語獲得のプロセス

ハイエク キャパシティー・オブ・スピーチという英語が使われたわけですけれども、その話せる能力ということをいわれるときには、なんらかの秩序というものを前提にされているのじゃないかと思います。つまり言葉の組み合わせ方、あるいは語形の単語の形式のつくり方、あるいは文の構造のつくり方というふうなもの、頭のなかでそういった構造をつくり出すための秩序というものを考えなければならないのではないか、その秩序があらかじめ発達していたのではないかと思います。そして私は当初はシグナリングといいますか、合図的なものからしだいに発達していったと思います。

私自身とくに言語を専門的に研究したことはありませんが、私の関心事と申しますのは、行動規範の獲得ということであります。それが小さな集団からより大きな集団へ移行を可能にしてきたものです。それは道徳であるとか法律、そういったものの進化というものです。そこで考えてみますと、道徳とか法律というものは知能が発明したものではない。私たちはなおそれらの機能が、どのようにして形成されたかということはわかっていないわけです。それはあるルールを、おそらくまったく偶然に採用した結果が、うまくいったからです。それが、ある集団を他の集団より有利にし、その集団の採用したルールが効果的であるということで、そのルールが残ってきた。したがいまして、長い時間をかけた過程というものがあったのではないかと思います。いままで知らなかったものを発達させていく、わからなかったものを発達させていくというときには、そのような長い過程においてより効果的なルールが残っていく。私は、道徳であるとか法律であるとか、そういったものはけっして発明されたものではないと思います。いま私は言語もそれと同じではないかと思っているわけです。しかし私自身がとくに言語を研究したわけではなくして、私がいままで調べたこれらの領域からのアナロジー（類推）として言語を考えると、そのように考えられるということであります。

セルフ・ジェネレーティング・システムの考え方

今西　このハイエクさんの「人間的価値の三つの起源」という論文を読んだら、いまおっしゃったようなことが書いてありますね。私は、この論文を読んでみて、あるいはお話を通じて、いちばん気にいっているところは、セルフ・ジェネレーティング・システム（self-generating system）という言葉を使っておられるところなんですね。人類社会というもの自体もセルフ・ジェネレーテイング・システムであれば、それのサブ・システムとしてのカルチュアもまた、セルフ・ジェネレーティング・システムでなければならないし、言語もローもみんなやはりセルフ・ジェネレーティング・システムでなければならないといわれているところです。

するとこのセルフ・ジェネレーティング・システムという言葉は、ひろく自然界にたいして当てはまるものでなかろうか。たとえば私のいう「種の社会」、ソサエティー・オブ・スピーシスですね、そういうものだってやはりセルフ・ジェネレーティング・システムとしてできてきたわけであるし、システムというならば、私のいう「生物全体社会」もまた当然セルフ・ジェネレーティング・システムでなければならない。そうすると、そこまでセルフ・ジェネレーティング・システムというものを認めておきながら、どうしてダーウィンの生存競争に立脚した適者生存とか自然淘汰（選択）という説をおとりになるのか、その辺に私にとってはまったく解《げ》せんところがあるのです。

ハイエク　私はいまのセルフ・ジェネレーティング・システムとダーウィンの適者生存の考え方の間に矛盾があるとは思いません。そのセルフ・ジェネレーティング・システムは、すべて、そのシステムを成り立たせている要素が、システムになろうとする性質をそなえている。しかもよりよいシステムになれば、その要素はより長く生きのびられる、ということがあるわけです。

最近私は二冊のドイツの本を読んで興味深かったのですが、それはこういう話です。物理的な要素――アトムのようなものの発達と保存についてみても、その要素にはそれ自体、より大きい集団になろうという性質があって、その有無が、要素存続と関係があるというのです。分子もまた、結合する能力をそなえたものが結合する。これら二人のドイツ人、オイゲンとブレッシュは、さらにその要素の進化過程を、分子の形成にまで遡って論じ、すでにこの段階において選択的進化が存在すると主張しています。この段階でも、各要素が、それ自体の行動として、ある秩序ある構造へ結合しようとしていると、大きい結合が可能になる。そうでない要素は大きい結合にならない。セルフ・ジェネレーティング・システム（自生的体系）はつねに、その要素がより大きい構造をつくるべく行動することを要求している。

ひとつ私の術語について説明しておきたいのですけれども、このセルフ・ジェネレーティング・システムというのは、以前私はスポンテニアス・オーダー（spontaneous order）（自生的秩序）とよんでいたものであります。社会を考える場合には、このスポンテニアス・オーダーのほうがよりよい表現だと思いますけれども、自然科学を考えてみると、システム論でも用いられているセルフ・ジェネレーティング・システムのほうがよりよい呼び方だろうと思うわけです。

自生的体系としての種社会・生物全体社会

今西　ジェネレーティングというのは、でき上がっていくというか、発生ですわね。それで問題は、セルフ・ジェネレーティング・システムとしてできあがったものは、必ずそれ自身がまたセルフ・ジェネレーティングということを受けついでいかなければならないということです。だから、システムという立場から考えたら、それをつくっているエレメントは、でたらめなものでなくてみんな全体の部分であり、みんなつぎに変わるべき時機を待っておって、その時機がきたらいっせいに変わっていく。もちろん、その前に変わるだけの形態的あるいは生理的な準備はいるでしょうが、それがさきに私のいった自己運動なのであって、これをシステムの自己運動とみれば、全体と部分とがばらばらの方向に動いていたのでは、システムがこわれてしまう。逆にいうなら、こわさないように自己運動をつづけてゆくところにこそセルフ・ジェネレーティング・システムの持ち味があるのです。だからダーウィンの考えたように、優秀な個体が出てきて、ひいてはその子孫がもとの種をひっくり返して新しい種をつくるというようなことになりますと、それだけでもうセルフ・ジェネレーティング・システムという考えとは喰いちがいを生じてくるのです。私はもちろんベルテランフィを読んでいますけれども、私の考えでは、セルフ・ジェネレーティング・システムの代表的なものは、分子やなんぞとちがって、生物の個体とそれから生物全体社会でしょうね。これ以上しつこく言うていると、きょうの話が進まんから、これくらいで一ぺん引きさがりましょう。

ハイエク　一つ次の点にコメントを加えておきたいと思うんですけれども、自生的体系（セルフ・ジェネレーティング・システム）を形成するためには個々のエレメントが変わらなければならないということをいわなくてもいいと思います。つまり個々のエレメントがこのような性質を帯びたから、それがそのシステムを形成することができるんだというふうにいえると思います。これまでの既存のグループのなかで新しい性質を帯びた要素が出てくるということに関しまして、ひとつ私自身が研究していることの例を引かせていただきたいと思うんですけれども、身近なフェイス・トゥ・フェイスの社会からもう少し過ぎ去ったところですけれども、そういうフェイス・トゥ・フェイスの社会からある人が他のグループとの接触をはじめる。そうすると、他のグループとの接触を通じて新しいプロパティー、属性というものを身につけるようになると思います。しかしその要素はまだ古いグループに属している、そういうふうな状態です。そのような新しいスタートがありまして、そしてそれでうまくいきますと、ほかのものがそれをまねるということになってその数がふえてくる。その数がふえてくると、それが新しい核、ニュークレアスということになって、そしてまた別の秩序というものが生まれてくる。そしてさらに多くのほかのものがそれを学習するということになっていくのじゃないかと思います。歴史を見てみましても、大きい集団の中に、小さい新しい体系の核ができて、それがしだいに全体に拡がってゆく。これは農業の体系であれ商業の体系であれ、そういったものを見てみますと、より新しいルールを採用するということによってそのような動きがあったのではないかと思います。体系の全体が新しいものになってゆくと、その中に、以前のより古い体系によって生きる集団もつつみこんでしまうことになります。

今西　今日の問題は、私は、言語の発生のところから説きおこしているわけですね。言語の成立のとき、そういうふうに熟した状態になっているときにだれかがしゃべり出したら、それがきっかけになってほかの個体もみなしゃべり出す。言語が発生したというのは、人類史のみならず全進化史からいっても、大変な大きなレヴォリューションなんです。その例を出してきているから、種というものを形づくっている個体は、みんなある時期が来たら同じように変わるんだ。だから個体だけが変わって種が変わらんとか、種だけが変わって個体が変わらんというのではなくて、種と個体とはいつでも一つのものなんですね。二にして一のものだから、個体の変わるのと同時に種も変わっていくのである。そこがまたダーウィン説と根本的にちがうところなんです。

文明化の条件

今西　それでは次の問題に移ります。

ハイエクさんのお考えでは、動物レベルといいますか、あるいは本能レベルというものがあって、それに対し、人間レベルとしてシヴィライゼーション、文明というものが置かれていますね。

その間をつなぐものとして、まだシヴィライゼーションとまではいえない段階をお考えになっているようですが、この段階はカルチュアあるいはトラディション、伝統の段階と考えてもいいものでしょうか。

ハイエク いまの文脈でシヴィライゼーション、文明という言葉を使うことに関しては、私はやや疑念をもっております。といいますのは、文明というものは、ただリーズン、理性に基づいているものであるとは思わないからです。文明を構築するということは、きわめて上のほうの薄い上部構造であって、本能と伝統ないし文化があるわけですけれども、その文明を築き上げることを考えてみますと、ルールを改善していこう、あるいはこの世界をよい方向へ変えていこうというふうなことが文明を築き上げるときにあると思います。ですから、伝統、文化というのは、本能と文明の中間のレベルであると思うわけです。どういうものが文明をつくるにあたって大きな力となっているかというのはその文化の伝統だというわけですね。ですから本能というのは、ほかのものに比べてマイナーなものである。

今西 もうひとつ掘り下げて訊きますが、それ自身はシヴィライゼーションではないけれども、シヴィライゼーションというものに変わっていく必要条件として、ハイエクさんはさすがに経済学をおやりになった方だけあって、マーケットというものをひじょうに重視しておられますが……。

マーケット・システム

ハイエク　マーケット、それから個人の財産は絶対に必須のものです。それによって知らないもの同士の接触がおこるという点で強調しているわけです。「大きい社会」では、互いに知らないもの同士が接触し、そして秩序のなかで接触するという、そのことを考えてみた場合に、そのマーケット、あるいは商業取引、貿易、トレードというものが考えられると思います。

今西　いまネセサリー・アンド・サフィシェントなコンディションといわれましたね。それではマーケットというものだけで、ネセサリー・コンディションなんでしょうか。

ハイエク　マーケットがあるためには、個々人の財産であるとか法律、契約違反をさせない法律であるとか、いろいろな行動規範のサブ・ストラクチュアというものがあると思います。そしてそのようなサブ・ストラクチュアがあることによってマーケットというものが可能になっていると思います。マーケットというものは、これらの規範複合体の集約された名称です。それは人々の働きを統一化することを必要とし、さらにそのうえ、まだ会ったことのない人々が未知の人の行動のやり方を採用することもある。

この点から、このようなふつう経済学上の要素と呼ばれるものがフェイス・トゥ・フェイス社会を通って大きな社会を作ることを可能にしたと思います。このマーケット・システムを考えてみますと、このように大きな社会を可能にしているけれども、しかしこのような目標というものは、かならずしも自覚されていない。この社会を構成している個々の人間は、このような目標に到達するということを知らずして大きい社会をつくり上げるというふうな目的を達しているという、そういうシステムです。

今西　ちょっとコメントですけれども、プライヴェート・プロパティー、これはサルの社会にもありまして、いったん自分が取った食べ物は、絶対に放さんというところがあるんですね。だから親でも子供に食べ物をやらんのです。ところが類人猿であるチンパンジーの社会になりますと、シェアリング、分配というものがはじめておこなわれるようになって、オスが集めた食べ物を、メスがくれといっておちょうだいすると、分けてやるとか、子供が母親の持っているものをくれといったら半分わけてやるとか、そういう分配ができてくる。しかしまだマーケットというものはサルの社会には見られない。

ところがマーケットというものは、トライバル・ソサエティーでも必ずあるものであって、日本でも三日市とか、五日市とか、十日市とかいう名前の土地がありますが、あれは月のその日に市を開いたところですね。それから蒙古あたりへ行きますと、お寺の縁日に年に一回、市が開かれるというところもある。だからそこのところですが、マーケットにもいろいろあるから、文明の引き金になるマーケットというのは、どういうふうなマーケットであるかということを、もうちょっとこまかくご説明いただきたい。

ハイエク　いまの問いに答えるためには、文明というものをもっと詳しくせまく定義する必要があると思います。文明のさまざまな段階や、あるいはそれにともなうどのような社会の拡大が文明の成長にどのように貢献しているのかということです。分業の増大やコミュニケーションの拡大など、経済上の要因で作用する現象によって貢献しているのです。もちろん古代都市の場合を見てみますと、人口五万人くらいですけれども、それでもやはり文明を築いておったという場合もあります。そしてその文明というのは、マーケットと同じ大きさであった。あるいは長距離を航海していたフェニキア人は、地中海文明というものを築き上げていたわけであります。しかしながら、このような文明は比較的プリミティヴな文明であるといえると思います。そうしますと、いつも文明はコンスタントではないし、その文明の主要特徴は何かといえば、多数の人々やその集団が互いに協力することができる、共同作業を可能にするような行動規範をもっていたことです。

今西　マーケットのほうが古いことないか。トライバル・レベルで言葉が通じないでも、サイレント・エコノミー、つまりあるきめた場所に両方から交換物をもってきて、沈黙のうちに物の交換をやっているということを、きいたことがある。

文明のなかの本能とルール

今西　次にもう一つ申し上げたいのは、たしかにシヴィライゼーションの発達とともに、集中してくる人口は増加している。それでいろいろなルール・オブ・コンダクトが必要になってくる。それはわかりますが、それならルール・オブ・コンダクトというものは、サルの社会やらトライバル・ソサエティーにないかというと、やっぱりそれ相応のルール・オブ・コンダクトはちゃんとある。しかしそれがたとえば法律とか何とかになるのは、もう少し文明の進んだ社会でないとみられない。

そこでハイエクさんのモノグラフを読んだ印象からいいますと、スモール・グループあるいはバンドというふうなものは、シヴィライゼーションが進んだらみな自由人ばかりになってしまって、もう存在しなくなるような印象をちょっとうけるのですね。しかし、ウェスタン・ソサエティーにおいてはどうか知りませんが、少なくとも日本においては、依然として小集団というものが、社会の構成上の最後のとりでになっておりまして、これが昔でしたら血縁的・地縁的なまとまりであったけれども、現在はそういうものはだんだんと薄れまして、そのかわりに閥といいますか、これは何と訳したらよいのか知らんけれども、同郷、同窓のよしみとか、結社とか、そのほかいろいろなフェイス・トゥ・フェイスの関係というものが、やはり最後の拠りどころとなっている。米山さんは社縁ということばをつくっている。そして、国の政治とか経済とかいうことは、これは新聞でもテレビでも見たらわかりますし、そんなものにはわれわれ日本人は日常生活において、あまりナーヴァスになっておらんということですね。これひじょうにだいじなことやと思う。中根千枝さんの軟体動物論なんかは、そこから出てくるんですね。そやから、その点をとらえて日本人はおくれていると言う人もあるんでしょうけれども、あるいはそこがかえって日本社会の強靱さのもとかもわからんというふうにもとれるんです。

ハイエク　いまおっしゃったことは新たなたくさんの問題を投げかけるものだと思います。進化ということを考えてみますと、それはつねにいろいろなちがった段階というものが同時にそこにあるということを意味しています。どの社会を見てみましても、何らかの方向へ発達している部分とそうでない部分があり、そして導いていくものと導かれていくものが考えられると思います。とはいえ、導かれているほうが本当はよりよい路を選んでいるということもあります。つまり、時間の経過のなかでどのルールがより効果的な社会をつくり出しているかということを見ることができるだけなのだと思います。そのより効果的な社会というのは、より多くの数の人間を維持することのできるような社会であります。社会における進化は、生物の進化と比べましてより定向進化、ある先に決められた方向への進化ではないということ、どの方向に進むかはいえないものだと思います。

日本人とヨーロッパ人の社会を比べてみますと、日本はある利点というものをもっているわけであります。それはその組織をつくる上の秩序というものが本能により大きく依存しているということ、この組織の秩序をつくるにあたって本能により大きく依存するということを日本人のほうがよくわかっているという点、ヨーロッパのほうでは本能ということを忘れている。その点では日本のほうが利点をもっていると思います。

他方、ヨーロッパ人のほうは、組織間の秩序づけ、コーディネーションにおいては秀でているわけであります。したがいまして、日本とヨーロッパとのあいだでは、互いに他から学ぶものがあるのではないかと思います。日本におきましては、工場をつくるにしても、あるいは会社をつくるにしても、また市場を見る場合にしても、あるいは組織というものを見る場合にも、洞察、インサイトというものをもってより多く使われるわけであります。他方すくなくとも最近まで日本人は、ヨーロッパ人に比べてより大規模な市場のコーディネーションというものに長い経験をもっていない。最近は日本も急速にその経験を積んでいますが、歴史的には少ない。したがいまして、二つの方向、日本のほうは直観、ないし洞察というものを使うということを知っている。そしてヨーロッパのほうはマーケットというふうなものを通じてコーディネーションのより長い歴史をもっている。そういった二つの方向というものが日本とヨーロッパのあいだで見られるのではないかと思います。

今西　いま本能（インスティンクト）というのと直観（インテュイション）というのが出てきましたけれども、それは使い分けておられますか。

——最初のころは本能（インスティンクト）、それから最後のほうで直観（インテュイション）ということもいわれました。

今西　インテュイションとインサイトでしたらあまり隔たりはないと思いますけれど、インスティンクトということになると、ハイエクさんはよくこの言葉をつかわれますけれども、シヴィライゼーション以前の状態のときにシヴィライゼーションを志向するようなインスティンクトを考えることができるでしょうか。また、今日のこのシヴィライゼーションの中に生活しているわれわれに、政治や経済にたいするインスティンクトというようなものを仮定することができるでしょうか。だから、軽々しくインスティンクトという言葉を使うことは、おやめ願いまして、そのかわりにインテュイションとかインサイトとかいう言葉をお使いいただくならば、おっしゃることがもっと理解しやすくなりますね。

さっきわれわれ日本人は政治や経済の動きにたいして、わりあいにインディファレントやと言いましたけれども、これをいいかえますと、必要が生じたときはインサイトでパッと自分の行動をきめたらよいので、つね日頃から政治・経済のことに頭を悩まして、へ理屈をこねてみたってしようがないということですね。

市場は文明の必要条件

桑原　ちょっとお尋ねしたいことがあります。私もハイエク先生のモノグラフは拝見しているわけですけれども、このモノグラフに市場ということがある。今西さんがそれを質問したわけですね。そのときに、市場と文明とがほぼ同時代的発生であるかのようなご発言があったと思うのです。そして市場は文明ができるための必要条件である、しかし必要にして十分な条件ではない、そういうことをおっしゃった。必要な条件ではある、しかし十分な条件ではないといわれたと思うのです。

ハイエク　市場というものは、必ずしも普遍的な現象である必要はないと思います。市場というのは、内部が異なった組織をもつ集団間のコネクションといえると思います。紀元前一〇〇〇年ごろまでにすでに異文明間の接触というものがあったわけですけれども、その接触は何によってなされたかというと、市場によってなされたわけであります。そしてそれは異なった集団間の人々のすべての接触の基礎をつくり、いろいろな集団間のコミュニケーション道具となり、そのコネクティング・リンク、未組織だった諸単位を結びつける環としてはたらいていたということであります。つまり、もし市場がなかったならば組織化されなかったところの単位といいますか、ユニットというものは、市場によって結びつけられるようになったということです。そしてそのときにそれぞれのグループの内部では、市場というものがない場合でも、ほかのグループと品物を渡したり運んだりということで、集団間のマーケットというものがおこって、それはその一つひとつの集団の要素となっている人間がより大きな秩序というものによって、その内部では市場というものはないにしても、そういうグループ間の物のやりとりということで市場というものがあったと思います。そして市場が拡大するにつれて、その市場に加わる個々のものがより情報というものをたくさん必要とするようになってきた、情報が広く行き渡るということが必要になってきたと思います。そしてこのようなことがより大きな秩序というものによってなされてきたと思います。それがより大きな規模での文明というものをもたらしてきたのだと思います。

この市場というものは、必ずしも経済的な目的だけのためにあったのではなくして、経済的な目的以外の目的ももっていたと思います。しかしながら、それでも中石器時代、新石器時代においてさえ、石器や青銅器の交易で市場というものが役割を果たした。それは人々に文明を作用させる手段と異民族との接触、それによる学習をうながしたと思います。そしてそれぞれの文明におきまして市場というものがサブ・ストラクチュア（下部構造）としてあったと思います。その下部構造のうえに文明が築かれていた。しかし市場というものは必ず文明をつくるというわけではないが、それが文明をつくることを可能にしてきたと思います。ですから、必要条件ではあっても十分条件ではないと思います。

市場は本能を抑制して発生した

ハイエク　ところで、市場の関係は互いに知らない相手間の交わりということであります。そこで古い本能の抑制というものが出てきます。古い本能は人に手に入れたものを隣人と分けあう、分配するということを命じます。市場交易はまずこの本能を抑制しますが、それによって未知の人の必要を満たし、また自分の隣人を助けるようなことを自分は意識せずして、知らずしておこなうというふうなことが見られるわけであります。結果的に利益をもたらすということになるわけですね。そのときはたらくルールというものは、利益をもたらすであろうということを知った上で作られたものではない。ルールがあることによってそのような結果がもたらされたということであると思います。

桑原　まだ承りたいと思うけれども、今西さんの質問があると思う。ただ、そうすると、いま先生のおっしゃったことだったら、市場のほうが文明よりかはるかに古くありうるということになりますね。ちがった文明同士が市場でコンタクトすることがあるとおっしゃった。そうすると、集まってくる文明のなかにすでに市場があったということになるんじゃないでしょうか。そこがよくわかりませんけれども、あとから文明論に入ると思うんですけれども……。

つまり文明というものは、たとえばどういうものをお考えになっているのか、ぼくの感じでは、先生のおっしゃっている、この論文のなかに出てくる市場というのは、やはり都市国家みたいなところの市場で、都市のないところでの市場ではないように思うんですけれども……。それはご説明いりませんけれども、つまり都市がなければ市場がないようなものとしての市場、それが文明のもとになるというふうに考えればよくわかるように思うんですけれども、それだけちょっと……。

ハイエク　交易が新石器時代にあったということのあきらかな証拠はあるわけです。たとえばイギリス原石を用いた磨製の石斧がベルギーやフランスで発見されている。使用はされていないのであきらかに貯えのためにもちこまれたらしい。もちろん海があったわけですし、あきらかに町などの発達のはるか以前のことですけれども、そこでみつけられているということで、交易があったという証拠があるわけです。接触の初めとしてそういうことが考えられるのじゃないかと思います。ただ市場へ集まってくるということは経済学者以外の人には誤解をまねきますね。

それに代わるものといえば、小さい集団で人々が共通の明確な目的のために一緒に働き、より大きい集団が、より一般的な法やルールを作るために集まる。この二つは大きくちがいます。フェイス・トゥ・フェイス社会では、本能が知人や隣人を助けることをうながします。そのような本能を、学習されたルールは抑圧し、制限します。それが現代社会のジレンマになっている。本能はいまもよく知っている仲間を助けよと命じ、私たちは感情的にはみんな〝社会主義者〟です。しかし学習されたルールは、仲間を助けるよりも、より遠い人々との交易がさらによいのだというのです。長い間このルールは学習されてきました。しかしいま、大きい集団の中で生まれ育って、大きい社会の中で生きているかなりの人々が、このルールを学習しなくなりますと、自然の本能がもどってきて、それがラショナリズム、合理主義の成長に助けられて、これまでは疑問を抱かずにルールを受容し、それでうまくいっていたのが、いまではどうしてそういったルールに従わなければならないのかということを訊くわけです。このように合理主義の態度が未開の本能の再生を助けています。学習されたルールというのは、みんながこれは正しいということがわかって使っているというわけではなくして、いままでそのルールでうまくいっているということなんですけれども、それにたいしてなぜそのルールに従わねばならないかということを尋ねる。

生得的な本能が出てくるということになってしまうと思うのです。

今西　私の耳には聞きづらい言葉ですね。生得的な本能（インネート・インスティンクト）とか、ひじょうに心やすくインスティンクトという言葉をお使いになりますけれども、われわれサルを研究してきた人間からいいますと、サルの行動でこれは生得的なもの（すなわちインスティンクト）か、これは群れのなかでトラディションとして身につけたものかというのは、分析がひじょうにむつかしいのです。それでインスティンクトという言葉を使わずに、プリミティヴ・ビヘイビアーとか、プリミティヴ・アティチュードとか、というようなことでしたらよくわかるのですけれども、インネート・インスティンクトによるなんていわれると、これはもうインスティンクトという言葉の乱用としかとれませんね。私は、生物学をやって、それからあとで桑原先生やらといっしょに十何年間、人文科学、ヒューマニスティック・スタディーに従事していましたから、わりあいに偏見なしにしゃべれる立場にあると思うのです。それでもうひと言申しますと、シヴィライゼーションはインスティンクトのサプレスのうえに成りたつとおっしゃっておりますが、このサプレスとかその結果としての葛藤とかいうことには、同意しかねますね。むしろインスティンクトのサプレスでなくてアウフヘーベンですね。私にいわせたら帰属意識の拡大ということです。隣人愛が拡大されて同胞愛となり、ひいては人類愛になるのであって、これはインスティンクトの問題というよりは、むしろ意識の問題である。

ハイエク　まったく同感であります。

マルクス主義の誤り

今西　じつはハイエクさんのこの論文はたいへんおもしろいのですけれども、もう時間がありませんので、いいたいことをさきにいわせてもらいます。

マルキシズムの批判が最後のところに出てくるんですね。それからフロイドの批判も出てきますが、私のお尋ねしたいのは、エガリタリアニズム、平等主義ですね。これは人類という種の立場からいいましたら、当然の主張なんですね。たとえば教育というようなものは平等に与えるべきである。それから医療というようなことでも平等に与えるべきである。そういう平等主義を片方でとりつつ、一方では個人の能力の差というものを生かして、分業の発展を促すようにしていったら、それである程度まで種の立場を生かすことができるのではないかと思うんですが、それはさておきマルキシズムのどこがお気に召さないのかというところを、ひとつかいつまんで簡単におっしゃっていただけませんか。

ハイエク　簡単に述べることはできると思います。マルクス主義というものは、価値、ヴァリュウというものはそれ以前に起こったことによって決められるというふうな考え方に基づいているものであります。ある社会を理解するには、その社会の価値が人々に何をすべきかと命じているかを理解しなければなりません。古典的な経済学の価値はそれに先立つ労働投下の量できめられるという説を援用して、マルクスは価格の機能を理解することをブロックし、世界のどこにも見当らない何かを説明しようとしています。彼は初期に労働価値説を学び、そこに腰をおちつけてしまって、現実の世界から学ぶことをやめて、目を閉ざしてしまいました。それで彼の経済学は、うたがいなく、まったくの誤りである。なぜなら、その価値はそれに先行することがらで決まるという仮定がまちがいであるからです。その他のすべてのもの、搾取であるとか、階級であるとか、そういうふうな観念もすべてこのような基本的なまちがいに由来するものであると思います。

もう一つ、ここで私はもちろんマルクス経済学についてのべたのですが、その他に唯物論哲学というふうなものを考えなければならないと思うのですが、その点につきましては、その唯物論哲学におきまして進化の法則というものを唱えているわけですけれども、進化に法則がないということは、すでに私ども意見の一致をみたところであります。マルクス主義が説くところの進化の法則というのは証拠がないのですからまちがっていると思います。

フロイド批判

今西　それではつづきましてフロイド学派の批判を、またかいつまんで教えていただきたいのですが……。

ハイエク　次はそれだろうと思っておりました（笑）。

マルクス、そしてフロイド、この両者にひとつの共通する点というものがあるわけです。マルクス主義者であってフロイド派学者というふうな人たちを育ててきたことです。たとえばドイツのマルクーゼとかそういった後継者があるわけです。この両者に共通しておりますのは、自然な本能（ナチュラル・インスティンクト）を解き放つという考え方において一致している点だと思います。私は、文明はナチュラル・インスティンクトをむしろ抑制して成立しているというふうに考えているわけです。つまり文明のルールはナチュラル・インスティンクトにたいして反対のものである。そしてこのナチュラル・インスティンクトを解放する、リリースするということは、文明の破壊につながるものである。こういった点がマルクス主義者とフロイド派学者に共通する点だと思います。ただ、とくにこのような点が見られるのは、マルクス自身あるいはフロイド自身というよりも、その考え方をうけついだ弟子たちのあいだに見られることであります。フロイド自身はその晩年におきまして、彼自身の学説の効果ということにたいへん疑問をもっておりました。そして文明というものはナチュラル・インスティンクトを抑えることによって立っているのじゃないかというようなことを書いております。その遺書である『ディスコンテント・イン・シヴィライゼーション』という本でフロイドはこの点がわかりかけたことを示しています。この点に関しましては、フロイド学者のなかで最も知られていない点でありますけれども、自身はそういうふうなことを書いているわけです。

本能を制御することが文明化につながるのか

今西　それではちょっとコメントを加えさしてもらいます。
インスティンクトといってもよろしいし、インナー・インスティンクトといっておられるときもありますが、ハイエクさんのこのペーパーを読みますと、インスティンクトとは悪いものであって、インスティンクトをサプレスするとか犠牲にすることによって、ようやくシヴィライゼーションが成り立っているのであると、いまもそうおっしゃいましたが、はたしてそういうものかどうか。私はさきほど、日本の社会においては、シヴィライゼーションとスモール・ソサエティーとが両立している、ということを申し上げたのですが、シヴィライゼーションとインスティンクトというものとは、両立する道がないようなお考えには、私は賛成しかねるのです。フロイドはパン・セクシュアリズムというか、セックスということをその理論のなかで、ひじょうに重視した人で、私もその理論に全面的に賛成しているものではありませんが、反フロイド説というとなにか霊を尊んで肉を低く見るというキリスト教的な物の見方に通ずるところがあるような気がするのです。仏教のほうでは、むしろそういう欲望を解放さすことによって、人間は救われるという見方もあるのです。とくに今日われわれから見たら、いままで先進国とみなされてきた北欧の諸国とかアメリカのあたりで、性革命と称するものがひじょうにひろがりはじめていますが、これははたして文明が崩壊する兆しであるかどうか。むしろ現在の文明は性の解放とともに進展するのであって、これからはだんだんセックスをサプレスしなくてもよい方向にむいてゆくのでないか。そこにまた人類としての成長が認められるのでないか、と思うんですが、それについてハイエクさんのご意見をお聴かせください。

ハイエク　まず、さきほど言われました最初の点、セックス革命ということに関しまして、私はそれはむしろフロイドの間接的結果といいますか、フロイドの影響でそうなっていると思います。フロイドというのは本能をリリースすることを意図していたわけであって、そしてそのフロイドの影響というものがあらわれているというふうに私は考えます。

他方道徳のシステムということを考えてみますと、どのようなものであれ、道徳の体系といいますものは、物を盗むことであるとか、人を殺すとか、他人の財産を侵すとか、そういうかたちで自然の本能があらわれることを抑制しようとするところにあると思います。本能と文明の学習されたルールが共存できないということはない。事実、いまいろいろな反抗、リヴォルトが起こっている。それはまだインスティンクトが残っていることの証明です。そして他方、そのインスティンクトを抑えようとするものがある。その両者の間での葛藤というものがあって、その紛争というものが出ているのではないかと思います。いまこの人口の規模における豊かな文明を維持しようと考えるならば、維持できるのは、ただただそういった学習されたルールの制限、制約というものを残したときにだけできるのではないかと思います。もし物を盗んだり、人を殺したり、あるいは他人の権利を尊重しない、あるいは契約を守らなくてもいいというふうなことになりますと、この文明は消え去るものと思います。そしてこの文明が消え去ることもまた私たちが望まないところのものであります。現代文明は、目の前のものを欲した本能を体系的に抑制することによって成立しているのです。見えないものは捨て去る、すぐに見えないものを捨て去ることは破壊しかもたらされない。

いわゆる科学の進歩のなかで、いくつかのルールは不要であるということが主張されました。その存在理由、有効性がわからないから不要であり、悪いもので、捨て去るべきだというのです。これは科学の生んだエラーによる価値の破壊であります。科学の進歩の名によって人類が採用してきたルールを破壊してしまうことを目指し、今日の人類の活力ある装置をこわしてしまおうというのです。もし私有財産や、契約をみとめないことになれば、文明は維持できず、ある種の未開社会にもどってしまいます。ここで生得的な情緒——いまこの文脈でインネート（生得的）ということを使うのは、今西先生のご同意も得られると思うんですけれども——というものにもし従うならば、それは分業によって成立している社会全体との両立ができないということになると思います。あるグループは本能に従って生活しているということがあるかもしれません。たとえばインディアンの家族は、自分たちのなかでかれらの本能に従って生きているかもしれません。しかし彼らが使っている道具であるとかいろいろなものは、いまの文明によって供給されているものであって、その文明から供給されているものがないとしたならば、そういったインディアンなんかも生きていくことはできないのじゃないかと思います。つまり、もしいまの文明がなければそういうことはできないであろうと思います。このようにいまの文明をいまのこの人口でもって維持しようとするならば、やはり本能を抑えるということが必要ではないかと私は思います。

ダーウィニズムの超克のために

今西　それでは時間がありませんので、最後にちょっと申し上げたいのですが、私はハイエクさんと対談して得るところはひじょうに多かったと思うのです。しかしハイエクさんのほうは、あまり得るところはなかったかもしれません。最後にマルクスとフロイドを槍玉に上げてもらいましたが、ハイエクさんはこの論文の中で彼らの説はスーパースティション、一種の迷信にすぎないといっておられます。これはすべての説には一応の真理が含まれているのですが、ただ、それを丸呑みにする人があるために間違いが起こるのです。だから、これからの人間はもっと賢くなって、もう少しバランスのとれた物の見方をするようにならなければいけないと思うんですね。性革命についての見解の相違は、しばらくお預けにしておきましょう。

私とハイエクさんがいちばん一致したところは、進化というものは法則によって動いているものじゃなくして、変わるべくして変わるんだという、その点では一致したように思いますね。ただ、私はハイエクさんに物足らぬ——というと失礼かもしれんけれども、物足らなんだところは、ダーウィニズムを清算できていないところにある。私にいわしたら、ダーウィニズムもまた一つのスーパースティションなんです。われわれのこの二〇世紀をゆがめたものは、ダーウィニズムとマルキシズム、そしてフロイディアン・セオリーの三つであるというのだったら、私は大賛成なんです。だから、なぜハイエクさんがダーウィニズムを捨てられないのか、ということになりますと、これはやっぱり今日の科学が拠って立っているところのレダクショニズム（還元主義）というものが、わざわいしているのでないでしょうか。生物学者たちはとかく、物理学や化学の世界で定説化されていることは、これは間違いないものやというふうに見たがります。それと同じように、人文科学者や社会科学者たちは、生物学のほうで定説化されているのだから、これをそのままうのみにしても間違いないだろうというので、ダーウィニズムにさわりたがらないところがあるのでないか。レダクショニズムの悪影響がここにあらわれているのではないか。そういう気持ちがいたすのですが、これはちょっと言い過ぎかもしれません。まあそんなことでございます。

どうもハイエクさん、ありがとうございました。

最後にもう一言だけ言わしてもらうと、それなら小さいところでいえば分子からはじまって、大きいとこでいえば地球や宇宙の進化までを含めて、すべてのものは変わるべくして変わっているのに、生物だけがなぜ変わるべくして変わっていると言えぬのか、それだけ除外例にするのかというところに、私は大いにあきたらんところがありますね。

ハイエク ダーウィンとマルクスとフロイドを比べた場合には、ダーウィンのほうは、マルクス、フロイドにたいしてあとの進歩というものがあった。その点でマルクス、フロイドの両方には進歩がない。それにたいしてダーウィンのほうは進歩がある、進展があるという点で、私はその両者の違いを見るということです。

小さな分子、それから地球は、それは変わるべくして変わっているというふうに一般的にみなされている。

今西 進化というものは変わるべくして変わるんだというなら、なぜ生物だけをそれからはずして、ダーウィニズムのような競争とか適者生存とかいうことをもってこなければ説明できんという窮屈なところへ追いやるのかということですね。生物学はダーウィン以後ものすごく進歩しました。それは事実です。しかしいくら進歩しても、それはダーウィニズムの枠中における進歩にすぎない。もしほんとうに生物学の進歩を望むならば、このダーウィニズムの枠をやぶって、新しいパラダイムをつくらなければ次の世紀の進歩はない。

——いまのパラダイムのなかの進歩であるというのは、ハイエクさんのいわれたその進歩ということですか。

今西 そうです。進歩といえば、生物学が進歩して、ダーウィニズムの枠を乗りこえるというところまできたのです。生物学そのものの自己発展であり、自己運動の結果であるといえるでしょうか。

——ダーウィン的なパラダイムを乗り越えるというか、破らなければ二一世紀の進歩はない。

今西　ハイエクさんは、日本語で読まれないかもしらんけれども、ダーウィニズムの批判は、私はこの本（『ダーウィン論』・中公新書）の中でやっていますので、いちおうこれをハイエクさんに進呈いたします。

ハイエク　まただれかにこの内容は説明してもらうことにしたいと思います。どうもありがとうございました。

附論1

人間的価値の三つの起源

F・A・ハイエク

（ホッブハウスレクチャー
ロンドン・スクール・オブ・エコノミックス
一九七八年　五月十七日）

社会生物学の誤り

「人間的価値の三つの起源」という問題について考えを整理しなおしてみようと私に思いたたせたきっかけは、私が目にしたあるきわめて明解な主張でした。それは、流布している論議の多くに潜在的に含まれている共通の誤りではないかと、私がこのところ考えるようになっていた事柄について述べたもので、社会生物学という、アメリカの新しい科学とみなされている分野での、非常に興味深い新著に記されておりました。G・E・ピュー博士の著した、この『人間的価値の生物学的起源』（G. E. Pugh, *The Biological Origin of Human Values*, New York. 1977）は、社会生物学派の指導者と目されているハーバード大学のエドワード・O・ウィルソン教授からもっとも高い評価を得ている書物であります。その主張のショッキングな点は、論議全体が、ピュー博士が「一次的」、「二次的」と呼ぶ二種類の価値しか存在しないという明白な仮説にもとづいていることです。そして彼は、「一次的」価値は遺伝によって決定され、したがって生得的なものであり、他方「二次的」価値は「合理的思考の産物」であると定義しています。

社会生物学は、むろん、すでにかなりの発展を遂げたものの成果であります。ロンドン大学の年長のメンバーは、四十年以上も前にそこで社会生物学の講座が設立されたことをご記憶でありましょう。それ以来、ジュリアン・ハックスレー卿、コンラート・ローレンツ、ニコ・ティンバーゲンらが基礎をつくり、彼らにつづく多くの才能ある門下、ならびに多数のアメリカの学生たちが目下急速に進展させているエソロジー（動物行動学・習性学）という魅力的な学問は大きく発展してきました。しかし、私のウィーンの友人であるローレンツの業績にすら時折気にかかる点があったことを、私は認めざるをえません。私は彼の仕事を五十年以上にわたって綿密に追ってきましたが、彼は動物の観察から導きだされた結論を人間の行動の説明にあまりにも性急に適用しすぎています。しかしこれらのことは、その他の誤りとともに偶発的で不注意な定式化と思われたもの、つまりそれらの二種類の価値だけが人間的価値であるという仮説を基本仮説として公開し、矛盾なく論を進めるにあたって、まったく有利に働きませんでした。

上述の見解が生物学者たちに非常に多く見られることで驚くのは、彼らは過程が似ているが重要な諸点では異なり、それによって複合文化構造が形成される選択的進化の過程に好意的なのであろうと、予想されていたからです。じっさい、文化の進化の観念は進化の生物学的概念よりもまちがいなく古いものです。また、チャールズ・ダーウィンが彼の祖父エラスムスを経てこの概念を生物学に適用したのは、もし当時の法学と言語学の歴史学派からもっと直接にその発想を得ていないとしたら、バーナード・マンドビルとデヴィッド・ヒュームの文化進化の概念の影響を受けたためということすら考えられます。ダーウィン以後、彼ら自身の分野でなにがより古い伝統であるかを調べるためにダーウィンを必要とした「社会ダーウィニストたち」が、先天的により適合した個体の選択に注意を集中するあまり、いくぶんその主張を損なったことは事実です。そしてその選択の遅さが、それを文化の進化にとって相対的に重要性を欠いたものにし、同時に、決定的な重要性をもつ規範と実践の選択的進化を無視しているのです。しかし何人かの生物学者にはあきらかに弁護の余地がありませんでした。彼らは進化を発生過程としてのみ扱い、類似しているがはるかに速い文化の進化過程を完全に失念していました。文化の進化はいまや人間世界を支配し、いまだ解決するにいたらない問題を私たちの知性に提供しています。

しかしながら私が予見できなかったことは、何人かの専門家に共通しているこの誤りを綿密に検討することが、現在もっとも議論の焦点になっている、道徳と政治に関するいくつかの問題の核心にただちに結びつくことでした。最初は専門家だけに重要な問題と映るかもしれないことが、いくつかのもっとも重大な一般的誤解のパラダイムになっているのです。

私がこれから述べなければならないことは文化人類学者たちにいくらかおなじみのものであると思いますし、もちろん文化進化の概念は英国のL・T・ホッブハウスと彼の門下だけでなく、もっと近頃になって特にジュリアン・ハックスレー卿、アレクサンダー・カールサンダース卿、C・H・ウォディントン、さらに近づいて米国のG・G・シンプソン、テオドシアス・ドブジャンスキー、ドナルド・T・キャンベルらによって力説されてきました。しかし私は、道徳哲学者、政治学者、経済学者はその重要性にもっと注意を向ける必要があると思います。加えて、さらに広く認識されるべきことは、現在の社会秩序は大部分が設計によって生まれたものでなく、競争過程でより効果的であった諸制度の普及によって発生したということです。

文化は自然のものでも人工的なものでもありませんし、また遺伝的に伝達されるのでもないし、合理的に設計されるわけでもありません。文化は習得された行動規範《ルール・オブ・コンダクト》の伝統であり、「発明」されたことはありませんし、活動中の人間はふつうその機能を理解していません。たしかに文化の知恵を云々することは自然の知恵を語るのと同じくらい正当であります。ただし、おそらく、政府の権力ゆえに前者の誤りは訂正しにくいことをのぞいてです。

思想家たちが構成主義的なデカルト学派のアプローチに拠って生得的または意図的に選ばれた規範であったものだけを長い間「よいもの」として受け入れ、ただ大きくなっただけの形成物すべてを偶然または気まぐれの産物とみなしてきたのはこのためです。なるほど、「まったく文化的な」という言葉はいまや多くの人々にとって、随意に変えうる、恣意的、表面的、あるいはなくても済む、といった言外の意味を含んでいます。だが実際には、文明は大部分、生得の動物的本能を非合理的な慣習に服従させることで可能になってきたのであり、これらの慣習が徐々にその規模を増すことで、より大きな規律正しい集団の形成を可能にしてきたのでした。

文化の進化過程

文化の進化が意図的に制度をつくる人間の理性の結果ではなく、文化と理性がその中で同時に発達してきた過程の結果であることは、より広範に理解されはじめたようです。理性ある人間が文化をつくったと主張しても、文化が人間の理性をつくったと言い張っても、おそらく水掛け論にすぎないでしょう。私がくり返し指摘する必要があったように、その種の誤解は私たちの思考に深く根づいてしまっていますが、それは古代ギリシア人たちから受けついだ「自然」と「人工」とのまちがった二分法が原因であります。伝統的な人間の実践によって形成された構造は、遺伝的に決定されているという意味で自然なのではないし、知的な設計の産物であるという意味で人工的なのでもありません。それはいくつかの不明な、おそらくまったく偶発的な理由で採用された実践から集団が得た特異な利点によって決定される、選別の過程の結果なのです。鳥類そして特に霊長類などの動物では、習得された習慣が模倣によって伝達され、さらにそれぞれの「文化」がそれぞれの集団で発達しうることが現在わかっています。しかしそれのみならず、このような獲得された文化的特質は生理学的進化に影響を及ぼすことがあります。たとえば言語の場合に明らかなように、言語の萌芽的出現によって明瞭な発音という身体的能力は適切な発語装置の遺伝選択に非常に有利に作用しました。

この問題に関する著述のほとんどは、私たちが文化の進化と呼ぶものは人類の登場以来、最近の一パーセントの期間に起こったことを強調しています。文化の進化という用語を狭義で、すなわち文明が急速に加速度的に発達するという意味で使う場合は、この見解はまったく正しいといえます。文化の進化は獲得された特質の伝達に依存する点で遺伝的進化とは異なるので、進化はきわめて急速です。そしていったん優勢になると遺伝的進化を圧倒します。しかしだからといって、つぎに文化の進化を支配したのは発達した精神であったという思いちがいが正しいということにはなりません。文化の進化は人類の登場後だけに起こったのではなく、ヒト属およびその類人祖先の存在したもっと以前の時期にもありました。くり返し言いますと、精神と文化は連続的にではなく同時に発達したのです。このことを認識すると、私たちがこの種の発達がどのようにして起こったかについてほとんど知らないことがわかります。それと認めうる化石が非常に少ないので、私たちはこの問題を十八世紀のスコットランド道徳哲学者たちのいう意味での、一種の推測的歴史として再構成せざるをえません。人種がその中で発達したさまざまな小集団の構造と機能を左右した行動規範の進化について、私たちは事実をほとんど知らないのです。これについては、今もって残存している未開人の研究から得るものはわずかです。推測的歴史の概念は今日では多少疑わしい面もありますが、ものごとの起こり方を正確に述べることのできない時は、それらがどのように起こりえたかを理解することは重要な洞察であるかもしれません。社会と言語の進化、および精神の進化はこの点で同じ困難を生じます。つまり、文化の進化のもっとも重要な部分である野蛮性の制御は、記録されている歴史の始まるもっと以前に完了していたのです。いま人間を他の動物から区別しているのは、人間だけが経験してきたこの文化の進化であります。アーネスト・ゴンブリッチ卿の言を借りるならば、「文明と文化の歴史は人間が動物に近い状態から、上品な社会、芸術の洗練、文明的価値の採用、理性の自由な行使へと上昇する歴史であった」(E. H. Gombrich, *In Search of Cultural History*, Oxford, 1969)のです。

この発達を理解するためには、私たちは人間が文化を発展させることができたのは、人間が理性を授かっていたからだという概念を完全に捨てさらねばなりません。人間のはっきりした特徴は、模倣し、習得したことを伝える能力でした。たぶん人間は、異なった環境で何をすべきか、あるいはさらには何をしてはならないかを学ぶ優れた能力から始まったのでありましょう。そして何をすべきかについて学んだことの、もし大部分でないとしたら多くを、人間はおそらく言葉の意味を学ぶことによって学んだのでしょう。人間にその行動を環境に適応させた行動規範は、他の生きものがどんなふうに行動しているかについての「知識」よりも確かにもっと大事なものでした。ことばを変えるならば、人間はそれがなぜ正しいかを理解せずに正しいことをもっと頻繁に行なうようになったのであり、いまだに知識よりは慣習の方が人間の役にたつことがたびたびあります。他の諸対象は主としてそれらにふさわしい行動様式によって規定されました。変化する条件に適応する人間の能力、とくに集団内の他の成員と協力する能力を増加させたのは、種々の状況下での行動様式の是非を教える学習されたルールのレパートリーでした。したがって行動様式の伝統は、それらを学んだ人たちからも独立して存在するようになり、人間の生活を支配しはじめました。種々の対象の分類を含んだこれらの学習されたルールが、人間が外界のできごとを実際に予言し予想するのを可能にさせた一種の環境モデルを含むようになった時、私たちが理性と呼ぶものが生じたのです。おそらく環境についての人間の思考よりも行動規範の体系の中に、はるかに多くの「知恵」が含まれていたのでありましょう。

したがって個人の頭脳ないし精神を、進化がつくりだした複合構造のヒエラルキーの頂点であるというのはまちがっています。進化は複合構造をつくり、つぎに私たちが文化と呼ぶものを設計しました。精神は学習されたルールの伝統的な非人格的構造の中に埋め込まれているのであり、経験を規定する精神の能力は個々の精神が所与のものとみなしている文化型の獲得された複製なのです。脳は文化を設計することでなく吸収することを私たちに可能にさせる器官です。カール・ポッパー卿が「世界《ワールド》3」と呼んだ頭脳は、それに参与する無数の独立した頭脳によってつねに存在を保たれていますが、脳の生物学的進化とは、別の進化過程の結果であります。その精緻な構造は、吸収すべき文化的伝統の存在した時に有用なものとなったのです。あるいは、換言すると、精神はもう一つの独立して存在する別個の構造ないし秩序の一部としてのみ存在しうるのです。しかしその秩序は、無数の精神が絶えず吸収し各部分を修正するからこそ持続し発展できるのです。もしその秩序を理解しようとしたら、社会生物学が故意に無視している実践の選別過程に注意を向けなければなりません。これは私がこの講演のタイトル中で「人間的価値」と呼んだものの三番目の、そしてもっとも重要な起源であります。当然ながら、私たちはその起源についてほとんど知りません。しかし依然として私は語るべきことの大部分をそれに当てたいと思っています。しかしながら、このような社会構造がどのように進化したかという特殊な問題に移る前に、この種の成熟した複合構造を分析しようと試みる際に必ず生じる方法論上の論点を、いくつか手短かに考察しておくと役にたつかもしれません。

自己保存的《セルフ・メインテイニング》な複合構造の進化

もっとも単純な原子のレベルを脱して頭脳と社会の段階に達した永続的構造はすべ、て、選択的進化の過程の結果であり、この過程によってのみ説明されうるものです。そしてそれらの中でより複合的な構造は環境の変化にその内部構造をたえず適応させてそれ自身を維持します。「どこを見ても、私たちは進化過程が多様化し複雑になっていくのを発見する」(ニコリスとプリゴギン)。構造のこれらの変化は行動の規則性または規範に従う能力を所有する諸要素によってもたらされますので、もし全体の秩序が外部の影響によって乱されるとそれらの要素が各々作用して秩序を回復しようとします。したがって、前述の進化と自生的秩序《スポンテエーニャス・オーダー》という一対の概念によってこれらの複合構造の持続性が説明できます。つまり、一方向性の因果律という単純な概念によってではなく、ドナルド・キャンベル教授が「下向性因果律」と述べているパターンの複合的な相互作用によって説明しうるのです。

この洞察はこのような複合現象の説明への私たちのアプローチ、および説明の試みが可能な範囲についての私たちの見解をかなり変えました。とくに、数量関係を調べるとその自己保存的属性ゆえによってのみ存在する自己保存的構造がかなり解明されると思いこむのは、もはや誤りであります。数量関係を調べることが、二つないし三つの変数の相互依存性の説明にたいそう有効であることは立証されましたが、これはすべてに適用できるわけではありません。これらの自生的秩序のうちでもっとも重要なものの一つは、たがいに面識のない人々の活動の相互調節を前提とする広範囲の分業です。この近代文明の土台について最初に解釈を下したのはアダム・スミスでありました。彼はフィードバック・メカニズムの作用という点から分業を説明し、そのため私たちがサイバネテックスとして知っているものの創始者となったのでした。かつて、説明されていないある秩序を同じく説明されていない別の秩序から類推して解釈しようとする、有機体論を用いた社会現象の解釈が流行しました。しかし現在では、これまた私のウィーンの友人であるルドヴィヒ・フォン・ベルタランフィと彼の門下が最初に展開したシステム理論がそれにとって替りました。これが、やはり情報・コミュニケーション理論と記号論も論じている、多様な複合的秩序に共通の特徴を明らかにしたのです。

とりわけ、大きな社会組織の経済的側面を説明するためには流れを説明しなければなりません。流れは絶えずそれ全体として環境の変化に適応しているのであり、各参与者はその変化については部分しか知ることができないのです。したがって確認可能な一組のデータで決定された仮説的な平衡状態を説明しても無意味です。経済学者の大多数が現在もまだ没頭している数量測定は歴史的事実として重要性をもつかもしれません。しかし数量的データを自己回復するパターンの理論的説明に使うとしたら、さまざまな人間の胃や肝臓などの器官のさまざまな大きさや形の説明にもっぱら数量的データを用いる場合の人間生物学と同じ程度の成果しか得られません。これらの器官は、たまたま解剖室では教科書にのっている標準的な大きさや形と非常にちがってみえることもありますし、似ていることがごくまれであったりします。明らかに大きさは組織の機能とほとんど関係ないのです。

行動規範の成層化

話を主題にもどしましょう。三つの異なった過程それぞれによって生じた諸ルールの差異は、伝統が文化の進化が経過した継続的段階から保護されてきたことに応じて、三つだけでなくそれ以上の数のルールの層をつくりだしました。その結果、現代人はさいなまれ、たえず加速的に次々に変化を強いる葛藤に悩むようになりました。もちろんまず最初に、人間の生理学的構造によって決定される「本能的」衝動という基層があります。この層は固定的、すなわち変化がほとんどなく、遺伝によって継承されます。つぎに、人類が通ってきた一連の型の社会構造のなかで手に入れた、伝統文化の遺産としてのルールの層があります。その遺産としてのルールは意図的に選ばれたものではありません。しかし、そのルールを使うことがおそらく内部の人口増加よりも、外の人々をひきつけることによって、ある集団の繁栄をうながし、その拡大を導いたのであります。そして三番目に、所期の目的を満たすために意図的に採用または修正された規範の薄い層がこれら二層の上にあります。

小さなバンドから定住共同体へ、そして最後に開かれた社会《オープン・ソサエティ》へ移行し、それと同時に文明状態へといたる変化は、知覚された共通の目標を追求する生得的本能に導かれる代わりに同一の抽象的規範に従うことを習得した人間によるものでありました。生得の自然な願望は人間が今でも人類に特有である神経構造を発達させた小さなバンドの生活条件にふさわしいものでした。五〇、〇〇〇世代にわたると思われる間に人間の機構に組みこまれたこれらの生得的構造は、人間自身が最近の五〇〇世代の間に、あるいは私たちの大部分がたった一〇〇世代ほどの間につくりだしたまったく違った生活に順応させられました。これらの「自然な」本能はいかにも人間的な、または善良な本能よりもむしろ「動物的」本能と等しいものと考えた方が正確でありましょう。実際に、「自然な」という表現を賛美の言葉として使う一般的用法はたいへん誤解を生じやすくなりつつあります。これは、のちほど習得された規範の主要機能の一つが、生得的あるいは自然な本能を偉大な社会を可能ならしめるのに必要とされる方法で抑制することであったためです。私たちは今でも、自然のものはよいことにちがいないと思いこみがちです。しかし偉大な社会では自然のものは良いどころではないかもしれません。人間を良くしてきたのは自然でも理性でもなく、伝統なのです。種の生物学的特質には共通の人間性はあまりありません。しかし大多数の集団はより大きな社会を形成していくためにある種の類似した特徴を獲得しなければなりませんでした。あるいは、獲得しなかった人々は獲得した人々に根絶されたということも考えられます。今でも私たちは未開人の感情的特性の大部分を共有していますが、彼は私たちの特性すべてを、あるいは文明を可能にした禁止事項を共有しているわけではありません。感知された需要《ニーズ》または知覚された目標を直接追求する代わりに習得的規範に従うことが、開かれた社会の秩序に合わない自然の本能を抑制するために必要になりました。それが人間がいまも反発しているこの「規律《ディシプリン》」であります。（規律という言葉の辞書的意味の一つは「行動規範の体系」です。）

開かれた社会を維持する道徳は人間の感情を満たす役にはたたず、また感情が進化の目標であったことはまったくありませんでした。感情は、はるか昔に暮らしたことのある種類の社会で何をすべきかを個人に教えた信号として役だったにすぎません。それでも不十分ながら察知できることは、学習された新しい規範の文化的選択が主として生得的規範のいくつかを抑制するために必要になったことです。生得的規範は、長に率いられ、部外者すべてに対してナワバリを守る、十五人から四〇人程度の小さなバンドの狩猟採集生活に適していました。その段階から進歩するには、事実上、生得的規範のいくつかを破ったり抑えたりし、またそれらの規範に代えてより大きな集団の活動の調整を可能ならしめる新しい規範を採用しなければなりませんでした。文化の進化におけるこれらの進歩の大部分は、いくつかの伝統的規範を破り、新しい形態の行動を実践した何人かの個人によって可能になりました。これは彼らが新しい行動様式がよりよいものであると理解したからではなく、それを実践した集団が他の集団よりも繁栄し、大きくなったからです。これらの規範がしばしば魔術や儀式の形をとったことに驚いてはなりません。集団加入の条件は、集団の全規範を受け入れることでした。しかしある特定の規範の遵守に依存するものがなにかを理解したのはわずかの人々でした。有効性と道徳上の望ましさとをあまり区別せずにものごとを為す方法で受容できるものは、それぞれの集団に一つだけしかなかったのです。

慣習的な規範と経済秩序

ここでは無理ですが、文明が経過してきたさまざまな経済秩序の系列を行動規範の変化という点から説明してみるとおもしろいでしょう。行動規範が主に禁止を緩和する形で変化し、ある種の進化を可能にしました。すなわち個人的自由が発達し、個人に特定の事柄をするように命じるよりも、むしろ個人を保護する規則《ルール》が発達したのです。部外者との物々交換の黙認にはじまり、私有財産とくに土地所有の無制限の承認、契約上の義務の強化、同一の売買における同業職人との競争、もとは慣行によって定められていた価格の変動、金銭の貸与とりわけ利子付きの貸与などが、すべて最初は慣習的な規範の違反、つまりは数々の恩寵の喪失であったことはほぼ疑いありません。そして違反者たちは道を開く役割をはたすのでありましたが、彼らが新しい規範を導入したのは共同体にとって有益であると認めたからでは決してありませんでした。彼らはある種の実践が自分たちに都合よかったので始めたにすぎず、結局それらは彼らが幅をきかせていた集団のためになったのでした。たとえば、ピュー博士のつぎのような発言が正しいことはほとんどまちがいないでしょう。「未開社会の中では『分配』は生活手段である。分配は食物だけに限られていず、ありとあらゆる資源にわたっている。実質的に、乏しい資源はほぼ必要に応じて社会内で分配される。この行動は、狩猟経済への過渡期に発生したいくつかの生得的で人間独特の価値を反映しているといってよい。」（'The Food-sharing Behaviour of Protohuman Hominids,' *Scientific American*, 1978）このことは多分発展段階では事実であったでしょう。しかし市場経済と開かれた社会への移行を可能にするためには、これらの習慣を再び捨てさらねばなりませんでした。この移行のための手段はすべて小集団を支配していた「連帯性」を破ることでありましたし、これらの違反行為は現在でも疎んじられています。しかし、それらは私たちがいま文明と呼んでいるものほとんどすべてへ移行するための手段でした。人間がまだ部分的にしかこなしていない最大の変化は、フェイス・トゥ・フェイス社会からカール・ポッパー卿が抽象社会と適切に表現した社会への移行とともに生じました。抽象社会では、もはや既知の人々の既知の需要ではなく、抽象的な規範と非人格的な信号だけが部外者に対する行動の方向を示すのです。このことが誰にも見わたせないような専門化を可能にしたのでした。

広く分散した情報にもとづくこの大規模な社会的分業が可能になったのは、市場過程から出現し、人々が直接には知らない出来事にあわせて行動するためにどうしたらいいかを教える非人格的な信号を使用したからでした。しかし今日でも、経済学者と目されている人々の相当数もおそらく含めて、圧倒的な数の人々はこの事実をまだ理解していません。広範囲にわたる分業を伴う経済秩序では、それは共通の目標と知覚されたものの追求ではもはやありえず、抽象的な行動規範と、個人の行動に関するこの種の規範と秩序の形成との全関係（これについては、ハイエク著

『法と立法と自由』の既刊で明らかにしようとしました）とでしかありえません。これはたいていの人が依然として認めることを拒んでいる洞察です。社会が機能するにあたってもっとも役だつことが多いのは、本能的に正しいと認識される事柄でも、特定の既知の目的に都合よいと理性的に認識される事柄でもなく、継承される伝統的規範であるにちがいありません。だが現代の優勢な構成主義的な見解は、この事実を受け入れようとしません。

もし現代人が、生得的本能は必ずしもいつも彼を正しい方向へ導くわけではないことを発見したら、少なくとも彼は別の種類の行動が生得的価値によりうまく適うことを彼に認識させたのは理性だったとうぬぼれることでしょう。しかしながら、人間が生得的欲求の働きで意識的に社会秩序を構成したという考え方はまちがっています。なぜなら、本能と理性的設計能力との間に存在する文化の進化がなければ、彼はいま彼にそうすることを試みさせている理性を所有していないであろうからです。人間は言語から道徳、法にまでいたるもっとも有益な制度を考えだしたことがなかっただけでなく、それらの制度が人間の本能も理性も満たさない時になぜそれらを保存しなければならないかを今日でもまだ理解していません。人間は聡明であったから新しい行動規範を採用したのではありません。新しい行動規範に従うことによって聡明になったのです。これはなお力説される必要のあるもっとも重要な洞察ですが、多くの合理主義者たちは依然として反対を唱え、あまつさえ迷信という烙印を押そうとしています。言語、道徳、法、金銭などの文明の基本的道具はすべて、設計の結果ではなく自生的成長の結果であり、後者の二つについては組織化された力がそれらを掌中におさめ、すっかり腐敗させてしまいました。

左翼の人々は今もなお上述の洞察などに擁護論という汚名をきせたがっていますが、私たちが意図的に作ったものではない規範の意義を明らかにすることは、私たちの知性がなしとげなければならないもっとも重要な仕事の一つであるといえましょう。そしてそれらの規範への服従は、私たちの理解を超えた複雑な秩序を確立します。すでに私は、人間が求めるようにしむけられている喜びは進化が与える結果ではむろんなく、信号にすぎないことを指摘しました。その信号は原始的な状況で集団の保持のために通常必要とされたことを個人にさせるものでありましたが、現在の状況下ではもはやそうではありません。したがって、現在有効な規範はそれが個人的な満足をみたしたから存在する、と推論する構成主義的な功利主義理論は、完全にまちがっています。現代人が従うことを学んだ規範は、人類の大規模な拡散を実際に可能にしました。しかしこのことが何人かの人々の喜びを増すことにもなったかどうかは、あやしいものです。

自由の規律

人間は自由に発達してきたわけではありません。生き残るために小さなバンドに忠実でなければならなかったバンドの成員は、決して自由な存在ではありませんでした。自由は文明による人工物であり、文明が人間を小集団の束縛から解放したのです。そして絶えずくり返されるその風潮には指導者すら従わざるをえませんでした。自由は文明の規律が漸進的に進化することによって実現されたのであり、文明の規律とはとりもなおさず自由の規律なのです。自由の規律は、非人格的な抽象的規範によって人間を他者の恣意的な暴力から守り、各個人が自ら保護領域を求め確立することを可能にします。他のだれも保護領域を侵すことを許されませんし、各個人はその中で彼自身の知識を自身の目的のために用いることができます。私たちが自由でいられるのは、自由を抑制しているからです。「なぜなら」とジョン・ロックは書いています。「他人の気まぐれではなはだしく迷惑をこうむる可能性があるときに誰が自由でいられるであろうか。」と。(2nd Treatise, sect. 57.)

ところが、社会秩序は人間にとってますます不可解なものになり、秩序の維持のために人間は生得的本能と相いれないことが多い習得的規範に従わねばならなくなりました。社会秩序を生みだした大きな変化は、フェイス・トゥ・フェイス社会から開かれた抽象社会への移行でした。つまり、たがいに既知の誰それだと見分けのつく人々から成る集団が、共通の具象的な目標ではもはや統一できず同一の抽象的規範へ服従することで結合を保たれる社会へと変化したのです。おそらく人間にとってもっとも理解しにくかったことは、達成すべき具体的目標が開かれた自由な社会のただ共通しているにすぎない諸価値ではなく、同じように抽象的な秩序を絶えず維持する共通の抽象的な行動規範だけだったことでしょう。抽象的な行動規範は、ただ個人が目的を達成するための見込みを立てやすくするだけで、特定のことがらに対する権利を彼に与えはしなかったのです。

狩猟採集生活者の小さなバンドの保持に必要な行動と、交換を基礎とする開いた社会の前提になる行動はたいへん異なります。しかし人類が前者に必要な反応を獲得し、遺伝的に体現するまでに幾十万年という年月を要した一方で、後者の出現には人間が新しい諸規範を学習するようになるだけでなく、それらのうちのあるものが偉大な社会にもはやふさわしくない本能的反応を抑制するのにまさしく役だつことが必要でした。これらの新しい規範が支持されたのは、それらがより効果的であるとわかったからではありません。私たちは私たちの経済制度を設計したことなどありませんでした。私たちはそれほど聡明ではありません。たまたまその制度に転がり込んだにすぎないのです。それが予想外の繁栄を私たちにもたらし、なおかつそれを破壊しかねないような野心をも抱かせたのでした。

この発展は、一方で生得的な衝動を、もう一方で意図的に設計されたルールの体系だけを承認する人々すべてにとってまったく理解できないことにちがいありません。しかしなにか確かなことがあるとしたら、それは人がすでに市場《マーケット》を把握していたからこそ、現在の数の人間を維持できる経済秩序を設計しえたということです。

この交易社会と可変的な市場価格による広範な分業の調整は徐々に進化したある種の道徳的信念の普及によって可能になりましたが、西欧世界の大多数の人々は、それらが普及したあと受けいれるようになったのです。主として自営農民、職人、商人、そして親方の日常経験を共にしていた徒弟から成る集団の全構成員が必然的にこれらの規範を習いました。彼らは分別のある人間、善良な農民、資本を殖やして家族と仕事の将来を配慮する人を重んずるエトスを保持し、多くを消費できるようになりたいという欲望よりも、むしろ類似した目的の実現に努める仲間たちに成功者とみなされたいという願望に導かれていました。市場の秩序を維持したのは、ときおりあらわれる成功した革新者たちよりもむしろ彼らを手本にしながら新しい慣行を実践した何千人もの個人だったのです。そのモーレスには、多くの未知の人々の未知の需要を満たすために、既知の貧しい隣人たちが必要とするかもしれないものを彼らに与えるのを控えることが含まれていました。既知の公益の追求よりも財政上の利益が賞讃の基準になっただけでなく、全体の富の増加の原因にもなったのです。

抑圧されていた原始的本能の再出現

しかしながら現在では、西欧世界の人口の殖えつづけている部分は大きな組織の成員として成長しており、したがって偉大な開かれた社会を可能ならしめた市場の諸規範《ルール》には不案内に育っております。彼らにとっては市場経済は大部分理解できないものです。彼らは市場経済の基礎になっているルールを実践したことがありませんし、彼らにはその成果は不合理で不道徳に思えるようです。しばしば彼らは市場経済に、ある邪悪な力によって保持される専制構造しか見ません。

その結果、長い間潜んでいた生得的本能が再び表面に浮上してきました。各々にその人が受けるに値するものを割当てるために組織化された力が用いられるはずの公平な分配を彼らが要求するのは、原始的感情にもとづいた先祖返りに他ならないのです。そして予言者や道徳哲学者や構成主義者たちが新しいタイプの社会の計画的創造へのプランを掲げて訴えるのは、これらの広くいきわたった感情に対してであります。

ところが、彼らのプランはすべて同じ感情に訴えるのですが、論旨はそれぞれに非常に異なり、いくつかの点では相いれません。第一のグループは、はるか昔に優勢であったもので依然として人間の感情にとって大事な存在である、より古い行動規範への回帰を提案しています。第二のグループは、個人の生得的本能をよりいっそう満たす新しい規範を案出しようとします。むしろ宗教的予言者と道徳哲学者は新しい原理に対して古いものを擁護し、いつでも概して反動主義者でありました。実際に世界の大部分の場所では、開放市場経済の発展は予言者や哲学者たちの説いたまさにそれらの道徳によって長い間阻まれてきたのであり、これは同じ趣旨の政策がとられるようになる以前にすらそうなのでした。私たちは現代文明が主としてそれら憤慨した道徳家たちの禁止命令を無視することで可能になったことを認めるべきであります。フランスの歴史家、ジャン・ベシェルはいみじくも、「資本主義が発展した原因と存在理由は政治的無秩序である」(*The Origin of Capitalism*, Oxford, 1975)と語っています。彼の言葉は中世に関しては正しいのですが、しかし中世は古代ギリシア人の教えに頼ることができました。古代ギリシア人たちは、ある点ではこれまた政治的無秩序の結果でしたが、個人的自由と私有財産を発見しただけでなく、両者が不可分であることを見つけ、そのことによって最初の自由人の文明を創造したのでした。

モーゼからプラトン、聖アウグスチヌスまで、ルソーからマルクス、フロイドまで、予言者と哲学者たちが支配的な道徳に反抗した時、あきらかに彼らの誰もが、非難している実践が彼らがその一部をなす文明をどの程度可能にしたかをまったく把握していませんでした。彼らは、諸個人に何をすべきかを合図する競争的な価格と報酬の体系が、どうしたらその存在を知らないこともある人々の役にもっともうまく立てるか、そして同様に直接には知らない有用性の機会をこのことにどう利用するかを諸個人に伝えることによって広範な専門化が可能になったことを、全然認識していませんでした。さらに彼らは、それらの非難された道徳的信念が市場経済の進化の結果というよりむしろ原因であったことも理解していませんでした。

昔の予言者たちのもっとも重大な欠陥は、人間の心の奥底で知覚される、直観的に看取された倫理的価値は不変で永遠であると彼らが信じていたことでした。このため彼らは、あらゆる行動規範がある特定の社会の秩序を保つのに役だったこと、そしてこのような社会は分裂を防ぐために、それ自身の行動規範を実施する必要があることを認めるようになるでしょうが、社会にふさわしい規範をつくるのは特定の構造をもつ社会ではなく、少数の人々が実践し、ついで多数の人々が模倣してきた規範なのであり、それが特定の社会秩序をつくりだしたことがわかりませんでした。伝統はなにか一定のものでなく、理性の代わりに成功に導かれた選択の過程の産物なのです。伝統は変化しますが、恣意的に変えられることはまれです。文化の選択は理性的過程ではありません。理性に導かれるのではなく、それが理性を創造するのです。

私たちが道徳の不変性と永続性を確信するのは、全道徳体系を設計したことが少なければ少ないほどそれを全体的に変える力が私たちにあると認識するせいもむろんあります。道徳がどうやって何百万人もの人々の活動の調整がかかっている行動秩序を維持するのか、私たちには実はわからないのです。そして私たちの社会の秩序は不十分にしか解明されていないルールの伝統によって保たれているので、あらゆる進歩は伝統にその基礎を置いているに相違ありません。私たちは伝統に頼らなければなりませんし、その産物をいじくり回すことしかできないのです。私たちが既定の規範を拒否できるのは、ある規範とその他の道徳的信念との矛盾を認識する場合だけです。規範の違反者が革新に成功し、彼の模倣者たちの信頼を勝ち得るのにすら、違反者が現行の規範のほとんどを良心的に遵守して得た尊敬が必要なのです。正当と認められるためには、新しい規範は正式な投票によってではなく徐々に広がる容認によって、社会全般の承認を得なければなりません。

私たちは常に諸規範を再検討し、それらの一つ一つを吟味する態勢でいるべきです。しかしそれができるのは、規範とその他の体系との一貫性または適合性を、他の規範すべてがはたす同種の包括的な行動秩序の形成への貢献度という観点から検証する場合だけなのです。したがって、確かに規範には改良の余地はありますが、それらを設計しなおすことはできず、ただ私たちが十分に理解していないものをさらに発展させていくしかないのです。

それゆえに道徳の連続的変化は、たとえそれが遺伝された感情をしばしば害したとしても道徳的衰微なのではなく、自由人の開いた社会の勃興のための必要条件だったのです。この点に関する一般的な混乱をもっともよく示しているのは「利他的」と「道徳的」という言葉の同一視と、前者の絶えざる誤用です。特に社会生物学者たちは、行為者にとって不愉快または有害であるが社会にとって有益な行為すべてを記述するのに「利他的」という表現を用いる誤りをおかしています。倫理は選択の問題ではありません。私たちは倫理を設計しませんでしたし、また設計できないのです。たぶん生得的であるものは、仲間のしかめっ面やその他の不賛成を示す身ぶりを恐れる気持だけでしょう。私たちが守ることを学ぶルールは、文化の進化の結果なのです。私たちはルールの体系を、その内部的葛藤または、それと感情との葛藤を調和させて改良しようとすることはできます。しかし本能ないし直観は、現行の道徳律のある特定の要求を拒否する権利を私たちに与えてくれません。道徳律をその他の要求の体系の一部として責任をもって判断しようとする場合だけ、ある特定の規則を破ることが道徳的に正しいとされるかもしれません。

しかし現在の社会に関するかぎり、「天性の善良さ」は存在していません。なぜなら生得的本能では人間は現在の人類の多くが生命をかけて頼みにする文明をつくることなどできなかったからです。そうあるために、人は小さなバンドに適していた多くの感情を捨て、自由の規律が要求し彼が嫌う犠牲的行為に服従しなければなりませんでした。抽象社会の存立は、望ましいと認識された共通の目的の追求にではなく、学習されたルールにかかっています。既知の人々に対して善をなしたいと望むことは共同体に対して最大限度をなすことにはならず、抽象的で一見無意味なルールの遵守だけがそれを可能にするでしょう。だがこのことは私たちの深くしみ込んだ感情をほとんど満たしません。満たすとしてもそれが仲間の尊敬をもたらすかぎりにおいて可能なのです。

進化と伝統と進歩

これまでのところ、私は気をつけて進化は進歩と同じであると言わないようにしてきました。しかし文明を可能にしたものが伝統の進化であることがはっきりしたならば、少なくとも自生的進化は進歩の十分条件でないにしても必要条件であると考えてよいでしょう。そして明らかに進化は私たちが予見しなかったが目にすると好まないものを多く生みだしますが、増加しつづけている人々には彼らが主として得ようと努力していたものをもたらします。私たちがしばしば進化を好まないのは、新しい可能性がつねに新しい規律《ルール》もまたもたらすからです。人間は彼の願いに反して、たいそう文明化されてきました。文明化されることは、より多くの子供たちを育てられるようになるために彼が支払わねばならなかった代償でした。とくに私たちは経済統制を嫌いますし、われわれ経済学者はプロセスの経済的側面の重要性を過大評価しすぎるとよく非難されます。自由社会に不可避のルールは私たちに不愉快なことを多く、たとえば他者との競争に苦しんだり、他者が自分より豊かなことを知ったりすることなどを経験させます。しかし、経済学者たちがすべてを経済目標の達成に役だてたがるというのは誤解です。厳密にいえば、経済的な最終目標などありえず、私たちが追求するいわゆる経済目標は、せいぜい窮極的には非経済的なものである目標のために他の人々にどう貢献すべきかを私たちに教える終りのない到達点にすぎないのです。そして、計画すること、つまり目標の追求に用いる手段に対して責任をもつことを私たちに強いるのが、市場の規律なのであります。

不幸なことに、社会的有用性は公平原理に準じて分配されるのではありません。またそうできたのは、特定の人々に特別の仕事を割当て、彼らがどれだけ勤勉に忠実に命令を遂行したかに応じて報酬を与え、だが同時に彼ら自身の価値についての知識を彼らから奪うある種の権威だけでした。種々の仕事の報酬を分配上の公平についての先祖返りの概念に一致させようと試みるのは、分散している個々の知識の効果的利用と私たちが多元論的社会として知っているものを破壊することになるに相違ありません。

進歩が私たちの望むよりも速いかもしれないこと、そしてもしその速度がもう少し遅かったらもっとよく消化できるかもしれないことを私は否定しません。しかし不幸なことに進歩を加減することはできません。（これに関しては経済成長も同様です。）私たちにできることはそれに都合のよい条件をつくりだし、その上で最善を望むことだけです。政策次第で進歩を刺激したり鈍らせたりできるかもしれませんが、誰もそのような手段の正確な効果を予言できません。私には、進歩の望ましい方向を知ったかぶりするのは極度に傲慢なことのように思えます。指導された進歩は進歩とはいえないでしょう。しかし文明は幸いにも集団管理の可能性を排除してきましたし、そうでなければ私たちはたぶんそれを打倒しようとするでしょう。

現代の知識人たちがこのような伝統の強調に対して「保守的思考」の猛攻撃をかけていることを私はすでに承知しています。しかし私にとって、過去の進歩を可能にしたのは知的設計よりむしろ特定の集団を強くした有利な道徳的伝統だったということに疑いの余地はありえないし、将来もそうでありましょう。進化を私たちの予測できるものに限ることは進歩を妨げることでしょう。よりよい新しいものが出現する機会をもつことは自由市場によって用意される有利な枠組みのゆえんでありますが、その枠組みについてはここでこれ以上述べることはできません。

古い本能をみたす新しい道徳の構成——マルクス

反動的な社会哲学者たちの中の本当の指導者は、もちろんみな社会主義者です。それどころか社会主義全体があの太古からの本能の復活の結果なのです。しかし社会主義理論家の大多数はたいへん気がきいていますから、偉大な社会では未開人を支配していた行動規範を復活してもそれらの古い本能を充足できないことをさすがに承知しています。それでこれらの常習犯たちは反対の陣営に加わり、本能的渇望をみたす新しい道徳を構成しようとつとめるのです。

個人の行動に関する適切なルールが偉大な社会での秩序の形成を促す方法について、とくにマルクスはまったく気づいていませんでした。どれだけ彼が不注意であったかは、彼に資本主義的生産の「混沌」について語らせたものが何であるかを調べると、もっともよくわかります。人々に何をなすべきかを知らせる価格の信号機能をマルクスに正しく認識させなかったものは、むろん彼の労働価値論でありました。彼は価値の形而下的原因をむなしく探し、価格は人々が生産物を売るために何をすべきかを伝える信号によって決定されるよりも、むしろ労働コスト、すなわち人々が過去において何をしたかによって決定されると考えるにいたりました。

その結果、現在にいたるまでマルクス主義者はだれもその自生的秩序を理解できないでいるのです。つまり自らの方向を決定する法則をまったく知らない選択的進化がどうやって自律的秩序を生みだせるのかわからないのです。何百人もの人々に所有されている常に変化する情報にたえず応じながら有効な社会的分業を中央集権的に成しとげるのが不可能であることはさておき、マルクスの概要全体を損なっているのは、支払われる報酬が人々になにをすべきかを教える自由な個人の集まった社会では、生産物はいくつかの公正原理によって分配されうるという幻想なのです。

しかし社会正義という幻想が遅かれ早かれ当てはずれのものだとしたら、構成主義的道徳のうちでもっとも破壊的なものは平等主義です。そしてカール・マルクスにその責めを負わせることは確かにできません。平等主義がもっぱら破壊的であるのは、それが個々の人々から唯一彼らの努力の方向を選択する機会を提供できる信号を奪うだけでなく、自由な人間をあらゆる道徳的規範に従わせる唯一の動機である、仲間による弁別的な尊敬を無視するからなのです。

自由社会の基本的前提、つまり政府は人々を同一の物質的境遇におくためにそれぞれの人をそれぞれにとり扱うべきであるという要求がある一方、全員が同一の諸規範に応じて他者により裁かれとり扱われなければならない（法の前の平等）ということから生ずる、どうしようもない混乱をここで分析する余裕は私にはありません。このことは実際に仕事の種類の割当てと収入の分配の両方を決定するために強制力を用いなければならないすべての社会主義体制の唯一の「公正な」規範かもしれません。平等主義的な分配は必然的に、諸個人がどうやって全体の活動様式に適合するべきかに関して個人の決定の土台となるものをすべて奪い、全秩序の基礎としてあからさまな命令だけを残すことになりましょう。

しかし道徳観が制度を作りだすように、制度も道徳観を作りだします。そしてそれを行なう力が特定の集団に利する必要を生みだす無制限の民主主義下では、政府はそれをみたすことが全道徳を破壊することになる要求を容認せざるをえなくなります。社会主義の実現が私的な道徳行為の範囲を狭める一方で、大きな諸集団の要求をすべてみたす政治的必要はあらゆる道徳を退廃させ破壊するにちがいありません。

道徳はすべからく、それぞれの人々が容認された道徳的基準に従うことに照らして、仲間にそれぞれに尊重されるという事実に依存しています。このことが道徳的行為を社会的価値にするのです。社会内の現行の全行動規範とその遵守が個人を社会の成員にするように、規範の受容は全員への平等な適用を必要とします。これは諸道徳は、特定の人々がそれらを破る理由に関係なく、遵守する人々としない人々とを弁別することによって保たれるということです。道徳は卓越性を求めようとする努力と、そのことにあるものは他のものよりも成功しやすいという認識とを前提にしています。なぜそうするかという理由が問われることはありませんし、またなぜかが私たちに本当にわかることもないのです。規範を守る人々は、規範を遵守せずその結果他の人々が仲間に加えることをよろこばないかもしれない人々と比べてすぐれた価値をもつという意味で、よりすぐれているとみなされます。このことなしには道徳はおそらくは存続しないでしょう。

道徳的規範は、それを常習的に破る人々を礼儀正しい人々から遠ざけたり、子供たちに行儀の悪い連中と親しくすることを禁じたりせずにはたして守られうるものでしょうか。道徳上の振舞いについての制裁が効果をもつのは、集団と集団独自の帰属承認上の原則とを分離するためです。民主主義的な道徳は、ある人が逆の存在であることを立証するまで彼は正直に礼儀正しく行動するであろうと仮定しているようですが、だからといって先ほどの本質的な規律を保留したならば、道徳上の信念は破壊されてしまうでしょう。

良心的で勇気のある人は、まれにもし彼が他のルールを注意深く守って現行の道徳的規範に対する彼の総体的な尊敬を証明したら、一般世論に立ちむかい、彼が誤っていると考える特定の規範を無視しようと決意するかもしれません。しかし、容認された道徳的規範の正しさを証明できないからといって、それらを故意に無視するのは許されないことですし、容赦されるものでもありません。特定の規範を判断する唯一の根拠は、それらと一般的に認められている他の規則の大多数との調和可能性または矛盾なのです。

人々が環境によって悪くなりうるということは確かに悲しいことですが、このことは彼らが不届きで、そのようにとり扱われなければならないという事実を変えるわけではありません。悔悛した犯罪者は赦免されるかもしれませんが、彼が道徳的行為に関する規則を破りつづけるかぎり、尊重されることのない社会成員でありつづけるにちがいありません。犯罪は必ずしも貧困の結果ではありませんし、環境のせいでもないのです。金持ちよりはるかに正直な貧しい人々は大勢いますし、たぶん中産階級の道徳は、一般に金持ちの道徳よりもりっぱでしょう。しかし道徳的には人は、たとえ彼に分別がないのだとしても、悪人とみなされるべきです。人々が別の集団に受けいれてもらうために学ぶことがたくさんあるのはとてもよいことです。道徳的称讃ですら意思ではなく履行にもとづくのでありますし、またそうであるべきなのです。

集団選択によって形成された文化では、平等主義の重荷はさらなる進化を阻むにちがいありません。平等主義とはもちろん多数意見ではなく、無制限の民主主義下でたとえ最悪のものであっても支持を求める必要性から生まれたものです。そして失敗の理由が十分にわからなくても人々をその顕在的な行動の道徳性に応じて別々に評価することが自由社会の不可欠の原理の一つである一方、平等主義は他の人よりも良い人は誰もいないと説いています。その論法は、彼が現在の彼であるのは誰のせいでもなく、すべて「社会」の責任であるということです。無制限の民主主義の悪宣伝が科学主義的な心理学に助けられて、社会の富が当然帰すべき規律に服従することなく分け前を要求する者たちを援助するようになったのは、「それはあなたのせいではない」というスローガンのせいなのです。

文明が維持されるのは掟を破る者に「平等な配慮と尊重の権利」（Ronald Dworkin, *Taking Rights Seriously*, London, 1977）を与えるからではありません。また私たちは社会を維持するという目的のために、同様に法にかなっているものとして一様に信じられている道徳的信念をすべて受けいれることもできません。さらに、血讐権、幼児殺しの権利、窃盗権など、私たちの社会の運営がかかっている信念と矛盾した道徳的信念を認めることもできません。一個人を社会の成員にし、彼に権利を与えるのは、彼が社会のルールに従うからです。まったく矛盾した見解が他の社会での権利を彼に与えることもありますが、私たちの社会での権利は与えられません。人類学という科学にとってあらゆる文化または道徳は等しくすぐれたものであるかもしれませんが、私たちは他の人々はそう善良ではないとみなして社会を維持しています。

私たちの文明は人類に属するおびただしく多様な個体を最大限に利用して進歩し、あきらかにどんな野獣類よりも多様性が豊かであります。野獣類は一般に、一つの特定な自然条件に適応しなければなりませんでした。文化はきわめて種々雑多な文化条件を提供してきたのであり、その中で人間の非常に多様な生得的ないし獲得された賜物が利用されうるのです。そしてもし私たちが、この世界のさまざまな場所に住む人々が個別にもつ実際的知識を利用しなければならないのだとしたら、彼らに市場の非人格的信号を自由に入手させるべきでしょう。信号は彼らに、どうすれば全体の利益と同様彼ら自身の利益が最大限度もたらされるかを教えるのです。

例外的に多様である個々の才能によって急速な進歩をとげてきた人間が、強制的な平等主義を全員に強いてその進化を終らせるとしたら、それはまさに歴史の悲劇的冗談といえましょう。

科学的な誤りによる不可欠の価値の破壊――フロイド

長年にわたってますます私の関心を引き、不安を抱かせるようになった重要な問題に、ついにたどりつきました。それは科学的な誤りがかけがえのない価値をしだいに破壊しつつあるということです。私がこれから考察しなければならない誤りのほとんどは社会主義に帰着するものですが、その元凶はすべて社会主義というわけではありません。哲学、社会学、法学、心理学など関連領域での純粋に知的な誤りも社会主義の誤りに与しているのです。最初の三つの領域では、これらの誤りは主にオーギュスト・コントの展開したデカルト的科学主義および構成主義に由来しています。論理的実証主義は、あらゆる道徳的価値は「意味がない」ものであり、純粋に「感情的な」ものであることを証明しようとしてきました。また、生物ないし文化の進化によって選択された感情的反応ですら進歩した社会の統一にきわめて重要な役割をはたすという考え方をまったく軽蔑しています。実証主義と発生源を同じくしている知識社会学は、これまた、あらゆる道徳観をそれらの擁護者のいわゆる不純な主旨を理由として貶《おとし》めています。

ここで私は社会学者たちの記述的著作のいくつかに皆が感謝しなければならないのを承知で、つぎのことを告白せざるをえません。社会学者に加えてたぶん人類学者や歴史家も同様にみなしていいと思うのですが、特定の種類の自然ないし社会現象を扱う理論的学問とは別の自然学という理論的学問が成立しないのと同じく、社会学という理論的学問の正当性は依然として証明できないと私は思います。知識社会学は、人類は向上すべきであるという願望（行動学者のB・F・スキナーのこれらの言葉そのものの中に典型的に再主張されている信念）ゆえに、知識の発達過程をまったく誤解してきました。『法と立法と自由』のはじめの方で私は、あらゆる法的規則は意識的な制定行為に由来しうるものでなければならないし、あらゆる正義の概念は特定の利権の産物であるとする法実証主義がなぜ概念的にも歴史的にもまちがっているかを証明しようとしました。

しかし文化的にもっとも破壊的な効果を及ぼしているのは、人々の先天的本能を解放して治療しようとする精神症医たちなのです。私のウィーンの友人たちであるポッパー、ローレンツ、ゴンブリッチ、ベルタランフィを誉めた後で、カルナップの論理実証主義とケルゼンの法実証主義がウィーンから世に出た最悪のものとはけっしていえないことを、ここで認めなければなりません。ジークムント・フロイドは教育への彼の深い影響を通じて、おそらく最大の文化破壊者となりました。年老いてからフロイドが彼の教訓の影響に彼自身少なからず悩んでいた様子は『文明とその不満』（*Civilization and its Discontents,* London, 1957）からうかがえるのですが、文化によって身についた抑圧を緩め生来の衝動を解放するという彼の根本目的は、全文明の基礎へのもっとも致命的な攻撃の先駆けとなったのでした。その運動は三十年ほど前に最高潮に達し、それ以降成長した世代は大多数がその理論にもとづいて育てられてきています。

ここでその種の基本概念についての当時のとりわけお話にならない意見をご紹介しましょう。一九四六年に、のちに世界保健機構の初代事務総長になったカナダの有力な精神病医、故G・B・チゾルム博士は、アメリカの法的権威に賞讃された著作の中でつぎのように主張しました。「子供のしつけの基本であった正邪の概念が一掃され、知的で合理的な思考が老人の確信への信頼に取ってかわった。（……なぜなら）精神医学者と心理学者のほとんどとその他の多くの立派な人々が道徳の枷《かせ》を逃れ、自由に意見を述べたり考えたりできるからである。」（'The re-establishment of a peacetime Society' *Psychiatry,* Vol. 6, 1946）彼の説では、人類を「善悪という重荷」と「正邪という誤った概念」から解放し、それによって人類の近未来を決定するのは精神医学者の仕事だったのです。

私たちがいま拾い集めているのは、これらの種の結実であります。自分たちが習得したことのないものには愛着をもっていないと主張し、あまつさえ「反文化」の構成を企てる教化されていない野蛮人たちは、文化の責務を伝えそこない、野蛮人の本能である生来の本能を信頼する許容的教育の必然的産物なのです。タイムズ紙の報告によりますと、最近開かれた上級警察官およびその他の専門家の国際会議で、今日のテロリストのかなりの部分を社会学、政治学、教育学を学んだ連中が占めていることが認められたということですが、これを読んで私はすこしも驚きませんでした。自分はつねに背徳者であったし、今後もそうであろうと公然と宣言した人物に英国の知識界が牛耳られていた五十年間に成長した世代に、なにを期待できましょう。

この洪水が文明を決定的に破壊しつくす前に、洪水源となった分野内にすら急激な反動が起こりつつあることを私たちはよろこばなければなりません。三年前にノースウェスタン大学のドナルド・キャンベル教授は、「生物の進化と社会の進化との葛藤」をテーマにしたアメリカ心理学会における会長講演で、つぎのように述べました。

「もし私の主張するように、今日の心理学に生物の進化によって与えられた人間本来の衝動が個人的にも社会的にも適切で最適なものであり、抑圧的ないし禁圧的な道徳的伝統は不適切なものであるという普遍的な前提となる仮定があるとしたら、私の判断ではこの仮定は、集団遺伝学と社会制度の進化とをあわせて考察した結果広がった科学的視野からみて、いまや科学的にまちがっているとみなしてよいでしょう。（中略）心理学は、私たちがまだ完全に理解するにいたらないきわめて貴重な社会的――進化的抑圧体系の維持を危うくする一因であるかもしれません。」（'On the conflicts between biological and social evolution,' *American Psychologist,* 30 December

1975）彼は少しあとでこうつけ加えています。「心理学と精神医学を研究する学徒の徴募は、正統性に挑戦することに異常に熱心な人物を選択するようなものかもしれません。」

この講演がまき起こした熱狂から、これらの概念が現代の心理学理論にいまもどれほど深くとどめられているかを察することができます。他にもシラキュース大学のトマス・サース教授と英国のH・J・アイゼンク教授による同様の有益な労作があります。そういうわけですから、望みがまったく失われてしまったわけではありません。

逆転

もし私たちの文明が存在しつづけるとしたら、そしてそれは文明がこれらの誤りを捨てさる場合にのみ可能でありましょうが、私は人々は私たちの時代を主としてカール・マルクスとジークムント・フロイドの名前に結びつけて迷信の時代として回顧するであろうと思います。人々は、二十世紀を支配したもっとも広く奉じられた思想、すなわち公平な分配を伴う計画経済、抑圧と旧弊な道徳からの解放、自由への一手段としての許容的な教育、合理的協定を有する市場から強制的な権力を有する組織体への交替、などはすべて文字どおり迷信にもとづいていたことを発見するでしょう。迷信の時代は、知っている以上のことを知っていると人々が想像する時代なのです。この意味で二十世紀はたしかに突出した迷信の時代でありました。これは科学が達成した成果を過大評価したことが原因になっています。つまり、科学がめざましい成功を収めた比較的単純な現象の分野はさておき、本質的に単純な現象に関してたいへん有用であった技術をそのまま適用すると大きな誤りを生じることがわかった複合現象の分野で科学の力を過大評価したのです。

皮肉にも、これらの迷信は大部分がそれが迷信とみなしたものすべての偉大な敵である理性の時代から継承したものの結果なのです。もし啓蒙運動が知的構成において人間の理性に課せられた役割がかつては小さすぎたことを発見したのであるならば、私たちは現代が新しい制度の合理的構成に課している課題のあまりにも大きすぎることを発見しているのです。合理主義と近代実証主義の時代が私たちに偶然または人間の気まぐれによる無分別で無意味な形成物とみなすように教えたものが、結局多くの場合、私たちの合理的思考力が依存する土台となるのです。人間は彼の運命の主人ではありませんし、これからもそうなることはないでしょう。人間の理性そのものが、人間が新しいことを学ぶ未知の予測しにくい世界へと彼を導きながらつねに進歩しつづけるのです。

附論2

進化と突然変異

今西錦司

（一九七九年一月十一日、国立がんセンター）

ダーウィン進化論の出発点

ただいまご紹介をいただきました今西でございます。ガンのことは全く知りませんので、お役に立つかどうかわかりませんが、「進化論」といえばダーウィン、ダーウィンといえば「進化論」ということにいままでなっておりましたのに、私がダーウィンの学説に反対いたしました。これはもう四十年も前から反対しているんですけれども、その反対がようやく認められたのでしょうか、今日もそういうことでお招きにあずかったんだと思います。

今日は時間も短いことですし、最初にダーウィンの「進化論」についてちょっと説明いたしますが、ダーウィンは、個体の間の違いですね、個体変異といってもいいし、個体差といってもよろしいけれども、それを彼の「進化論」の出発点にしているんです。この個体差というものには、遺伝的なものもあります。たとえば、皆さんも十分ご承知の血液型というようなものは遺伝的なものですね。それから、遺伝的でないものと断言できないかもしれませんが、身長というようなものですね。このごろ日本人も背が高くなりましたが、これは栄養とかいろいろな関係があって、いままで十分伸びなかったのかもしれませんが、この調子で二メートル、三メートルと背が高くなるんでしたらちょっと問題ですが、あるところへいったらとまるんじゃないかという気がしますね。平均寿命も、このごろ非常に長命の人が多くなってきましたが、これにもそういう環境ファクターが入っているかもしれませんので、はっきり遺伝的といえるかどうか。まあ、遺伝的でない個体差もあるということをお含み願いたいんです。

それからダーウィンは、彼の「進化論」を発表する前に、栽培植物とか、家畜についてずいぶん調べているんです。それだけをまとめた一冊の本があるくらいでございまして、この方面の造詣が深かった。しかし、この栽培植物と家畜の品種というものも、結局人為的にセレクトを重ねて、遺伝的なある一つの純系、ストレインといいますか、そういうものを選び出しただけであって、たとえばわれわれの近いところでしたら但馬牛というのがいますけれども、これなんかはスジ牛といいまして、ある一つの血統をずうっとはずさぬように代々続けているんです。ほかの血統と交雑したら、スジ牛の値打ちがなくなってしまう。そんなのを私は純系といっているんですけれども、ダーウィンは、栽培植物や家畜から例を引いて、人工的にでもこのくらい違ったものができるんだから、自然においても自然選択が働いたり、あるいは自然淘汰が働いているならば、新しい種ができるはずだという大前提を立てたんです。けれども、これはいまから見れば百年以上も前のことですから、それだけ学問も進んでいなかったわけで、ダーウィンの思い過ごしということになると思いますね。そういう状況であれば、純系になったものを、いくらそれ以上変えようとしてみてもだめなんですね。それから、ゾウやキリンが出てくるということは絶対ないんです。これだけは、はっきり皆さんも知っておいてほしいですね。われわれにとっては、ゾウやキリンがどうしてできたかということが問題なのであります。栽培植物や家畜を調べても、この問題は解けないということですね。

そういうことで、十九世紀の終わりごろから、ダーウィンの「進化論」に対してかなり疑いが出まして、ダーウィンもだいぶ動揺しておったんです。ところが、そこに偶然の救い手が出てきた。これは、今世紀の初めに、オランダのド・フリースという人がエノテラ、月見草の類ですね、その研究をしておりまして、そこで初めて、突然変異ということをいい出したんです。きょうのテーマは、主催者からのご注文で「進化と突然変異」ということになっておりますので、私も多少、突然変異のことをお話ししなくちゃならんと思うんです。

影を薄める突然変異説

それで、ド・フリースのミューテーション・セオリーというのは、ダーウィンの説がまさに崩壊しかけているときにそういう説が出たものですから、これがその崩壊を支えるつっかい棒になったんですね。で、ただ単なる個体間の変異とか、個体差とかいうものがセレクトされて新しいものが出てくるのではなくて、新しいもののもとは突然変異によって生ずるということを、ド・フリースはいったんです。この説は非常に流布しまして、今日高等学校などの教科書に出ている「進化論」の要因論というのは、突然変異と自然淘汰というのが二本の柱であるということになっております。

ところで、ド・フリースが突然変異説を出す前に、有名なメンデルの遺伝法則が発見されておりまして、ド・フリースの突然変異説に対しても、これははたして突然変異かどうか、あるいはメンデルの遺伝の法則にはまっているものと違うかというようなことを、そのときからいっていた人もあるんです。

私、さっき血液型の話をしたんですけれど、Aという遺伝子に対して、それの対立遺伝子といいますか、あるいは配偶遺伝子というものは、A、B、Oと三色ある。非常に簡単なんですね。しかし、対立遺伝子の数が非常に多い例も知られているんです。そういう場合、まれな結合が起こったときには変わった色の花とか、そういうものが現われてくる可能性がある。しかし、これはそのときに新しいものが創造されたんじゃなくて、すでにその生物の中に仕込まれていたものが、そのときにあらわれたというだけのことであって、それだったらなにも無から有を生じたことにはならない。

そこのところが大事なところでございまして、今日の自然科学の約束では、無から有は生じないということになっているんです。無から有を生ずるというようなことになりますと、これは奇術か、中世の錬金術でございますので、そういうものを否定して、無から有は生じないという立場で今日の近代科学というものが発展したんです。だから、そもそも突然変異ということをいい出したのは、何かそこのところで、今日の自然科学の約束とは矛盾するものがあるように私は思うんです。

それで問題は、突然変異であろうとなんであろうと、今日の科学の立場からいえば、それの出てくるメカニズムというものさえはっきりさせたら、それで錬金術と違うことになるわけですね。だから、それをはっきりさせようと思いまして、ド・フリース以後において、アメリカで遺伝学者、たとえばモーガンとかドブジャンスキーとかいうような人がずいぶん努力をして、ショウジョウバエに放射線を当てたりなにかして、突然変異がどうしておきるかというメカニズムについて、いろいろ研究したんですが、どうもうまくいかない。たまにでてくるものはどこかおかしくて、とてもそれがもとになって新種をつくるというようなものではないんですね。

それで思い出しますが、長崎、広島に原爆が落とされたときに、これは実験室の実験ではとうていできないような大じかけの実験を行なったのと同じだから、おそらく日本では植物、動物にたくさんの突然変異が出ているだろうという期待を持って、アメリカあたりから続々と専門の学者が日本へやってきたんです。何年も来ております。しかし、その人たちにとっては悲しいかな、そういうものは出なかったんです。

だから、突然変異という言葉を、われわれ非常になれなれしく使いますけれども、本当に突然変異というものをつかんでいる人はいないんですね。

その後、また一転して、今日は皆様ご承知のように分子生物学の世の中になりました。それで分子生物学の方のいい分によりますと、突然変異なんていうのは遺伝物質の複製のときに、何回もやっているうちに間違いを起こして、うまく複製ができなかった場合じゃないか。それが突然変異というものだったら、そういう間違ってできたものを消すような機構もあるらしいですね。

そうなってくると、突然変異というものは影が薄くなりまして、もはや進化とはちょっと縁の遠いことになるんじゃないか。ド・フリースが突然変異をいい出したのは今世紀の初めで、それから七十年ほどは突然変異にとりつかれて、われわれは右往左往していたといっても過言ではない。

今西進化論の出発点

そこで、この辺から私のいい分になるんですが、従来の進化論のどこに理論的欠陥があったのかということなんですが、それでまたダーウィンへ戻りますけれども、ダーウィンは個体オリジンで進化というものを考えたんですね。個体の中で、なにか有利な条件を備えたものが生存競争に勝って生き残り、その子孫が繁栄することによって、前からのそういうふうに変わらなかったものを次第に圧迫して、ついには絶滅に追いやって新しい種に変わるんだというふうに、繰り返しダーウィンはいっておりますが、かりにそういう有利な個体が生まれたとしても、それがはたして生存競争で生き延びるという証拠はどこにもつかめていないんです。頭の中で考えたら生き残るということになりますけれども、生物の生きている環境というものは幾つも幾つもファクターがありまして、それにすべてうまくあてはまった個体なんていうのは、どういう個体かということはわかりませんよね。だから、なにか有利な条件を備えたものが必らず生き残るというようなことは、どこにも実証がない。そうすると、そういうところに立脚して、ダーウィンが唱えている自然淘汰ということも、立証できていないし、考え方が怪しいんじゃないかと、そこでまず第一の疑いが出てくる。

第二には、そういう個体起源の進化論であって、たとえいろいろな有利な条件を全部そろえた個体が生き残ったとしても、それが子孫をふやして、さらにその長所を発揮して、一つの種にまでなるというのは、相当長い時間もかかるだろうし、またそういうことがいままでに立証されているかといったら、これも全然証拠はないんです。ダーウィンが百年以上前にいい出して以来今日まで、そういうメカニズムで新種ができたということは、だれも報告していない。そこのところの説明が、いままでの進化論の非常な弱点になっている。

だから、かりにダーウィンの考えたような個体変異は、彷徨変異といいますか、一つのある幅を持ったばらつきであるにすぎないというふうな見方をとれば、これは進化に関係ないんですが、その後に出てきた突然変異をとっても、たった一個の突然変異が出現して、どうしてそれが子孫をふやして、新しい種にまで到達できるか、そこのところが全然説明も抜けているし、だれも見た人がいない。

それで、そんな頼りないことでよくいままで来たなと思うんですけれども、たとえば日本の進化論学者の第一人者である八杉龍一さんなんかは、ダーウィンの進化論は集団遺伝学によって十分に確かめられているというようなことをいうんですけれども、集団遺伝学というのは、そういうことが起こったか起こらなかったかということを野外で観察して、事実かどうかを確かめるんじゃなくて、たとえば突然変異が起こったとしたら、それがどんなにして広がるか、その間に自然淘汰がどういうふうに働くか、という仮定のうえで数式をつくるんですね。

で、集団遺伝学というものは私もあまり知りませんけれども、数式にしてちゃんとあらわしてあるところはりっぱだと思いますけれど、数式にあらわしてあるからといって、それはなにも事実をあらわしたことにはならないと思うんです。事実を抜きにして、だれも見たことのない自然淘汰とか突然変異というものを数式の中へ組み入れて、これで事実が証明できたと考えている集団遺伝学というものは、砂の上に築いた楼閣みたいなもんでして、自然淘汰も突然変異もだめだということになったら、その上に立っている集団遺伝学は、一緒に崩れ落ちてしまうのではないかと私は思います。

このくらいにして、今度は今西進化論に入りたいんですが、今西進化論の一番の出発点になるのは、現在の地上に存在している生物というものは、古くから存在していたものもありますし、人類なんていうのは比較的新しい時代から出現してまいりますけれども、いずれにしても、さかのぼっていったら、もとは一つの生物から出ているんです。それは三十二億年前に、最初にこの地球上に無生物から生物が現われた。これも本当いったら突然変異なんですね、言葉でいえば。しかし、これは後にも先きにも一回きりのものである。そうそう何回も起こってはいない。ほかの人で、地球上の生物は、自生したものでなくて、流星かなにかに乗って、地球外から地球上に植えつけられたものだという説を立てている人もあります。それだったら、何回もそういうことが起こりうる可能性がでてきますけれども、地球の自己発展として生物が地球上にあらわれたとすれば、これはやはり一回きりのものであってていいんですね。

問題は、そのときにどういうふうにして生物ができたか。そのメカニズムでなくて、現象としてどういうことが起こっているだろうかということを考えてみますと、これも実は単なる私の考えであって、実証されているものではないんですが、たった一つ、ぽつっと原初の生物ができて、それが分裂したりなにかして増殖し、幾つかの個体を持った生物、すなわち種というものになったのかといいますと、いろいろ化学反応というものを考えてみますと、そんな一つだけのものがぽつっとできて、それが広がっていったんではなくて、その辺も私は弱いですけれども、オパーリンのいうコアセルベートとか、ポリマーといってもいいらしいのですが、そういう高分子が生物になったとしたら、そのときの反応は、私の想像ですけれど、原始地球の波打ち際みたいなどろどろとしたところで、幾つもの高分子が同時にいくつもの生物個体になったのではないかと思うんです。それが、化学反応というものではないかと思うんです。水をわかしたときでも、みんな一せいにわいてきますね。一つの分子が湯になって、それが広がってというのと違います。あれは同時に、わあっとわいてくるんです。ここが私の進化論の、まず一番の出発点になっているんです。

だから、そこで、最初に出てくるときに、多数の個体が同時に成立したら、その集団に対して種という名前をつけることができる。だれもつけておりませんし、これはどんなものであったかわかりませんからつけられませんけれども、ともかくそれが最初の個体であると同時に最初の種ですね。種と個体とは同時にできたのです。

ここがもし間違っていたら、今西進化論はもう一遍やり直しになりますけれども、もしそうであったとすれば、種というものと個体というものは、初めから同時にできるもんであって、それを私は、二にして一であるといっておりますが、個体が先きにできて、それから種ができるのでもなく、種が先きにできてそれが個体になるんでもなくて、それは同時にできたものである。しかし、ヨーロッパでは、種とか集団よりも個体を尊重するという思想といいますか、そういう傾向が強いですね。いつでも、個か社会かというようなことを問題にしている。それは、片方に偏ったら個人主義になって、国家否定論になりますし、もう一方に転べば全体主義になって、ナチのドイツみたいなものになるでしょう。これはともに、種と個が二にして一であるというところをはずれている。だから、個とか種が二にして一という原則を守っているかぎりは、なにもそういう問題は起きないはずなんですがね。これは余談でありますけれども。

生物全体社会における種と個

それで、最初にたった一つの種ができまして、それが今日現存している種の数、これはまだ正確には押えられていない、といった方がよろしいかと思いますが、それでも、地球全体で大ざっぱなことをいいますと、百五十万から二百万種ぐらいのものでしょうか。しかし、もとは一つでありますから、これだけふえたということは一体どういうことかというんです。

そこで私は、棲みわけ、というものを出してくるんです。種というものは、初めは一つであったかもしれませんが、原初の地球が、このごろは地球の進化といいますけれども、地球もだんだんと変わってきて、いろいろな棲み場所ができてくれば、そこへ生物は新たに植民していく。そうすると、そういう違った環境へ入っていったものは、そこに適応するためにいろいろ体のつくりかえをやりまして、新しい種に変わっていく。で、私にいわしたら、生物というものは、前からあるものが占めているところを無理に押しのかして、そこへ入っていくというようなことをしないで、大げさにいったら開拓者精神というものを持っておりまして、未利用地帯へみずから広がっていった。

それで、はじめは海の中にひろがりましたが、最後には海から出て陸へ上がってきたものが、また地上を利用する。これは一つの生物的な経済行為といってもいいんですが、そういうふうにして生物全体社会というものをつくっていったわけです。もしもそうでなくて、一つは火星から来た、もう一つはどこかわけのわからん星から来たというようなことであれば、この地球上で棲み場所の取り合いというようなことも起こりうるわけですが、もとは一つのものがふえたんですから、それはあたかもわれわれの体はもとは一個の細胞ですね。それが分裂しつつふえて、今日のわれわれの体をなしているようなものでありまして、生物全体社会というものは、そういう意味では一つのシステムなんです。

　このシステムはどうしてできているかといえば、われわれの体とおなじように、各部分が分業を通じて、全体を支えているんですね。これが私の見方なんです。

　だから、生物の種というものは、そういうふうにして自分の生活の場を分かって、長年の間にお互いに違ったものになってしまって、交配できないものになる。それが種同士の関係であり、種と種の棲みわけなんです。

　そうしますと、一口にいったら、進化というのは、結局最初の一番もとになっている、これはおそらく単細胞でしょうけれども、そういう生物から出発しまして、次々と棲みわけを広げていって、地球のすみずみまで棲みわけを普及させた。そういう棲みわけの高密度化によって支えられているシステムが、今日の生物全体社会である。

　そういう生物全体社会という概念を導入しますと、一つ一つの種というものは、生物全体社会の部分社会になるんです。さらに個体というものは、この種という部分社会を構成している一つ一つの要素になってしまいますね。ですから、一つのシステムがあるということを前提にするならば、種というものは、かってに全体社会に反旗をひるがえして、かってに変わるというようなことはできないのです。これは、ちゃんと自分の持ち場というものを持って、それで全体をつくっているんですから。それと同じように、種と個体というものの関係からいいましても、個体というものが種に対して反逆を起こして、新しいものになろうというのは、考えられないことであるということになります。そうすると、ダーウィンの考えたような、個体起源で進化を説明するということは逆立ちであると、いわざるを得ない。

それなら、もう少し詳しくいって、種社会の中における個体のあり方というものは、どのようになっているのかといいますと、もちろん初めにいいましたような、ダーウィンの認めていた個体差というものは、われわれも認めるんです。私も長年仲間といっしょにサル社会の研究をしたが、まず最初にしなくてはならぬことは個体識別なんです。それができないことには、記録がとれません。サルは、残念なことに、自分で自分の記録をつくってくれませんので、人間がかわりにつくらなくてはなりません。そのためには、どの個体がどうしたということ、さらにその個体の血統といいますか、どのサルの子供かということまで洗っていかなくてはなりません。それで、サルのかわりに記録をつくって、たくさん記録がたまったら、なにか出てくるだろうというような漠然としたことで、サルの社会の研究を始めたんですが、とにかく個体差は認めねばならない。

しかし、個体差というものは個体レベルの差でありまして、種レベルから見ますと、個体差というものは無視できるんです。種レベルから見ると、個体というものには甲乙がない。これは、非常に大事なことなんです。個体差があるのに甲乙なしでは矛盾しているとお思いになるかもしれませんが、これはレベルの違いなんです。個体に焦点を合わしたら、個体差も出てきますけれど、種に焦点を合わしたら、その個体差は消えてしまうんです。そういうところが、どうもいままでの学者の研究の、至らないところでして、焦点の違いを無視しているところに問題があるんです。

昔から猟師は獲物を追う一方で、森に入っても森を見るということをしないといいますね。それと同じで、今日の還元主義に立っている自然科学では、相当細かいところまで分析が進んで、生物学でも分子生物学までついにそこまで来たかと私らも思っているんですが、そのために全体を見なくなってしまう。これは非常に危険なことです。進化というのは全体像でつかまなかったら、つかみどころがない。分子レベルも結構なんです。分子というのは物質で表現できますから、物質レベルで進化が説明できたら今日の自然科学は本望とするところかもしれませんが、しかしそうなっても、象の鼻がどうして長くなったとか、キリンの首がどうして長くなったとかいうようなことは、絶対に説明できないと私は思っているんです。

競争原理と共存原理

それで、もとへもどって、ではなぜ種の個体には甲乙がないようになっているのかという問題ですね。それはどんな個体が生き残って、どんな個体が死んでも、種というものの立場はそのまま存続してゆく。そこが、ダーウィンと逆になってしまっているわけです。ダーウィンは、違った個体が生き残って、それで新しい種ができてくるといったんだけれども、私にいわしたら、種もそうだし、全体社会もまた、非常に保守的な、現状維持ということを大事にしている。

そうでなかったら、この世界が混沌になるわけですよ。しかし、その中にあって秩序のあるシステムを保っていこうと思ったら、現状維持の方に力を入れなきゃならない。だから、種を形づくっている個体が甲乙ないようにつくられていれば、運のよいのが生き残って、運の悪いのはどしどし死んでもかまわない。甲乙がなければどれからでも、種は変わらずに存続していける、そこがねらいなんです。

それにもかかわらず、原初の単細胞の生物から、これだけいろいろな変わったものが出てきた。おかしいなあという気がするんですが、これは生物だけでなくて、地球上のあらゆるもの、あるいはもうちょっと大げさにいえば、この宇宙を形成しているありとあらゆるものは、現状維持を理想としているのかもしれませんが、現状維持のままでいられるものは一つもないということです。どんなものでも、必らず変わらなければならない、そういう約束があるんです。だから、生物の方ではいまのままでいいんだといくら思っても、何万年、何十万年、何百万年の間にはひとりでに変わっていって当然なんです。赤ん坊でいつまでもいようと思っても、いられるものではない。やはりみんな変わるべくして変わるんです。変わるべくして変わるというのは、そういうことをいっているのです。

もう一つ大事なことは、ダーウィンは、有利な条件を備えた個体が、生存競争に勝ち残るというので、初めから生存競争ということを頭に置いているんです。あるいは闘争でもよろしい。個体からスタートして適者生存といいますが、生存競争で勝ち残ったものは、勝てば官軍で後の子孫が保障されるとか、新しい種になるとかいうことを認めているわけで、これが今日まで続いている西欧社会の一つの自然観であり、人生観になっているんです。そしてそれが、さっきいいました西欧社会の個人主義というものと結びついているのです。個人主義で競争肯定ということですね。それが、残念なことに、二十世紀でちゃんと批判されずに二十一世紀まで持ち込まれようとしているんですね。まことに困ったことだと思うんです。

私の方は、種と種は棲みわけておったら、お互いになわ張り協定ができているみたいなものでございまして、争いはおこらない。棲みわけを守っていることによって、その種の永続、永生ということが保障されている。そういう社会が、生物全体社会なんですね。だから、種と種は争わないということが原則なんです。

それから、個体レベルですが、ダーウィンは同種の個体のあいだこそ一番生存競争が激しいだろうといいましたが、それはほんとうだろうか。私はあんまり実験室の仕事はしておりません。もっぱら野外研究で一生を終わる人間でございますが、六十年、自然と接してきて、個体と個体が生きるか死ぬかの格闘をしているというようなことは、絶対にないとはいいませんけれども、すくなくとも自然における常態ではない。普通なら同種の個体同士が闘争するというようなことはないんです。闘争してもつまらんですよ、第一甲乙がないんですからね。初めから甲乙がないということがわかっていて、闘争してもつまらんです。(笑)

そうしてみると、ダーウィンの競争原理に対して、私の進化論は共存の原理に立っている。そこに、根本的な違いがあるんですね。

人類の特徴としての直立二足歩行

ダーウィンの進化論の話に深入りしましたが、ここで話題をちょっと変えて、ダーウィンが本当に偉かったと私が思いますのは、ダーウィンの進化論でなくて、これは一つのセオリーですが、そうでなくて事実としての進化ということを、一般の知識に取り入れさせたということです。これはダーウィンの大きな功績なんです。永久に残るダーウィンの手柄だと思います。しかし、セオリーというようなものは、百年もたったら変わって当然なんです。だから、私はダーウィンの功績を認めているんですけれど、そのセオリーに対して、あれはあのままではよろしくないといっているのです。進化の事実にたいしては、化石という証拠がちゃんと残っているんです。だから、化石がどういうことをいっているか、そこへ戻る必要がある。

ダーウィンの時代には、まだ人類の化石はほとんどなかったといってもよい。発掘されていなかったのです。しかし、今世紀に入ってから、非常にたくさんの化石人類が発掘されまして、特にアフリカからは、二百万年ないし五百万年ぐらい前の時代に住んでいたオーストラロピテカス、普通猿人と呼んでいるんですが、この猿人の化石がたくさん出ています。ものの本を見ますと、まだふさふさ毛が生えていますけれども、あれは想像図でございまして、猿人にサルのように毛が生えていたかどうかということは、まだ確証が上がっていないのです。だから、絵をあんまり信じてもらったら困ります。

ただ、猿人であろうとなんであろうと、人という字がつく以上は、いくら大昔であっても直立二足歩行していたということです。直立二足歩行といっても、トリはみんな直立二足歩行でございますので、人類だけの特許ではないんですけれども、しかしわれわれと系統をともにしているほ乳類の中では、直立二足歩行をしているのは人類だけなんです。私も長い間つきあってきた日本ザルとか、チンパンジー、ゴリラ、これは類人猿で日本ザルよりもより人間に近いサルですけれど、それらを見ましても、みんな原則としては四足歩行であって、二足歩行ではない。人類といってももともとはサルの一種だったんですから、それがどうして直立二足歩行をするようになったのだろうか。ほかにも人類の特徴はいろいろありますけれども、直立二足歩行という違いが一番はっきりしているんですね。だから、化石が出てきても、まずこの化石が直立二足歩行をしていたかしていなかったかということを専門家は調べまして、直立二足歩行をしているということがわかったら、これは人類の祖先だというふうに判定するんです。

ではどうして直立二足歩行するようになったんだろうか。これはダーウィンもそうですし、ダーウィンの前にラマルクというフランスの偉い生物学者がおりましたが、そうした人たちはすべて、進化の説明に効用説を持ってくるんです。たとえばある個体が有利な条件を備えていたから生き残ったというふうに。

　では、直立二足歩行も効用説で説明できるか、ということですが、これは、大人が先きに始めたものだったら、あるいは効用説が生きてくるかもしれません。しかし、これも証拠はないんですけれども、私は直立二足歩行をさきに始めたのは、子供だったという説なんです。それはどういうところからそう考えるようになったのかといいますと、ゴリラでも、二歳ぐらいの子供のゴリラは、直立二足歩行ができるんですね。ところが、大人になりますと、手が長くなってしまって、もはや腰を伸ばして直立二足歩行することができなくなる。だから、人間も、ある時期に子供が直立二足歩行を始めたんだろうと思うんです。そうしますと、そのとき子供が、直立二足歩行をしたからといって、はたしてなにか得るところがあっただろうか。もしなにも得るところがないとしたら、これは効用説では説明できない。

　効用説もその一つですけれども、すべて今日の科学は、原因と結果という結びつきで、ものごとを説明しようという傾向が非常に強い。それも今日の科学を成りたたせるための約束かもしれませんがね。だから私が、子供は立つべくして立ったんだといったら、みんなに笑われまして、そんなの説明になっていないというんですよ。説明になってはいないかもしれませんが、うちの子供でも、親がそそのかして立たしたわけではなくて、ある時期が来たら立つべくして立ったのです。（笑）

「変わるべくして変わる」とは

さて、猿人オーストラロピテカスの大脳は、現在のわれわれの大脳の大きさ、容量の約半分ぐらいしかないんです。半分といいますと、大体チンパンジー並みの大きさです。それから、約十万年ぐらい前に大体いまの大きさになっている。これを、効用説で説明すると、大脳を使ったから、使ったものは知恵が発達して、それが生存競争に有利にはたらき、その結果生き残って、その子孫がおいおいとふえて、今日の人類になったんだろうというんです。また、そういう効用説が信じられていたために、オーストラロピテカスでもなんでも、みんな初めて発掘されたときには、これはわれわれの祖先が滅ぼしたものの化石だというふうに、化石学者も思っていたんです。それなら、われわれの直系の祖先はどこから出てくるのか。いつまで待っても出てこないもんだから、やはり頭の小さいものからだんだん大きいものに変わったんだという説になってきました。効用説の敗北ですね。

大脳の大きくなること、これを大脳化といっていますけれども、これは三百万年ぐらい前のオーストラロピテカス以来、頭が大きくなってみたり、ときには小さくなってみたりなんかしないで、ずうっと大きくなる方向にむかって一直線にすすんで来ているんです。そうして、十万年前ぐらいに、もう今日の頭になっている。

頭を使ったから頭が大きくなり、頭の小さいものを滅ぼしたのでない証拠は、他にもある。われわれ文明人ほどに頭を使うことはないと思われる、アフリカあたりの狩猟採集民でも、人類である以上は、みんなわれわれと同じ大きさの頭を持っているんです。ただ、それをどの程度使いこなしているかだけの問題で、潜在能力はわれわれと同じようにあると思うんですがね。

こういう化石による進化の事実はセオリーとはまた別のものであって、事実である以上は認めなければいけない。これを、進化論としては、定向進化と呼んでいます。頭が大きくなるべくしてなったといえば、これは定向進化を認めているといわれても、やむを得ない。

しかし、そういう変わるべくして変わるということが、なんで皆さんはおきらいなのかと思うんですが、たとえば例はちょっと適当でないかもしれませんが、いまはもうテレビやらラジオやらが普及しまして、日本じゅうみんな同じ言葉をおいおい使うようになってきていますけれども、昔はそれぞれの土地に方言があった。その方言はどうしてできたかというセオリーを探しているんですけれど、もう一つ気のきいたセオリーがいままで出されておりません。社会的な隔離というようなことは関係があると思いますけれどもね。

それなら、方言というものはなぜできたのかといったら、効用説も当てはまらないし、方言を使った人が生き残って、その他の人が死滅してというような、自然淘汰でもなくて、これは変わるべくして変わったものではないか。ここにも一つ、変わるべくして変わった例があるではないか、と私は思うんです。

もう一つは、進化は系統発生といいますが、それに対して個体発生ですね。この生という字は、生まれるがいいのか、成るというのがいいのか知りませんが、要するにお母さんのお腹の中に入っている間は抜きにしても、みんな赤ん坊から出発して、子供になり、青年になり、大人になり、年とって死ぬ、これはどうしても経ねばならないことでして、さかさまにするわけにはいかない。これは、やはり変わるべくして変わっているのではないか。

で、子供のときからの写真を並べてごらんになると、これはやはり自分じゃないかという、そこにアイデンティティ（自己同一性）というものがちゃんと貫かれていながら、それにもかかわらず変わっているんですね。そうすると、種というものも、生物全体社会というものも、みな自己同一性を保ちつつ、時間の流れとともに変わっている。だから、場合によれば、環境の激変期には、それが非常に破壊を受けることがあっても、自己同一性ということがある以上、もう一遍それを修復していく。そういうものではあるまいかということになるんです。

こんなのは、進化に対する証明にはなりませんけれども、アナロジーとして考えることができるのでありまして、湯川秀樹君なんかも、大事なのは、アナロジーをもっともっと使うことだといっているのを、聞いたことがございます。

脱線に脱線を重ねましたが、時間がまいりましたので、私の話はきょうはこれで失礼いたすことにします。どうも長い間、ご清聴ありがとうございました。

附論3

経済発展と日本文化

F・A・ハイエク

桑原武夫

桑原　ノーベル経済学賞をおとりになっているハイエク先生について、改めて詳しくご略歴を説明申し上げる必要はないと思います。ハイエクさんは経済学の世界的大家であることは言うまでもないのですけれども、それぱかりでなく、心理学、言語学、歴史学、哲学、さらに生物学などにもたいへんご熱心であって、たいへん深い教養をおもちになっているのですが、こんど日本へおみえになった主要な目的の一つは、有名な生物学者である今西錦司博士と討論をしたいということでありまして、それは京都において、すでに三回討論がもたれました。その一回めの主題は「自然」であり、二回めは「人類」であり、三回めは「文明」でありました。それはじつにおもしろかった。と申しますのは、私はその討論に、参加ではありませんけれども、いわば行司あるいは立会人として出席しておりましたからです。なぜ出席したかというと、私は今西錦司さんとは中学校時代からの親しい友だちでありますので、そういう関係から頼まれて出席することになったわけであります。そのときの話はじつにおもしろくて、それはいずれ日本でも、また外国でも出版されることになっておりますけれども、本日はそれと切り離しまして、まったく別に日本ということについてお話し合いをしたい。

しかし日本というだけでは、茫漠としておりまして、まとまりがありませんので、私が一九七三年にハワイ大学でいたしました講演があります。それは「アカルチュレーション・近代化・ナショナリズム」という題で話をしたのですが、それの英語版をあらかじめ先生に読んでいただきました。それの日本版は「明治革命と日本の近代」として『西洋文明と日本』(朝日選書)

という本に入れておりますので、お読みくださった方があるかもわかりません。その私の講演を主題としまして、もちろんそれから自由に展開するわけでありますけれども、まずそれをきっかけとしてお話し合いをはじめたい、こう思うわけであります。

まず先生からご意見を承りたいと思います。

ハイエク　桑原先生、どうもご紹介ありがとうございました。

このテーマは、私にとってたいへん興味のあるテーマです。というのは、今回私が日本へまいりましたのは、この十四年間で八回めなのですが、この十四年間のあいだにひじょうに早く文化が変容しているように思います。最初に私が日本にまいりましたときには、文化のあいだに何か葛藤《コンフリクト》があるような気がしました。しかしこの葛藤をわずかのあいだに、つまり伝統と新しい文化とのあいだの葛藤を短いあいだに解消してしまわれたように思います。そういうことから私が感じておりましたさまざまな諸点が、桑原先生からいただきました本のなかに書かれておりましたので、たいへん興味をもちました。ですから、先生のおっしゃっていることはいずれも私がなるほどと納得できるものであり、また私が学べることが多くて、それほど意見のくいちがうところがありませんでした。

しかし、私の専門である経済の分野におきましては、少し先生と私の意見がちがうところがあります。これは日本の文化について語っているからではなくて、桑原先生が開発途上国においては経済がもっともだいじであるといわれているのにたいし、日本の場合は開発途上国の文化ではないのではあるけれども、それでも伝統文化のなかにひじょうにこまかく労働を分業するような近代社会的経済をとりにくい面があると述べておられましたが、このような現象は、私は桑原先生がおっしゃるような現象だとは思いません。発展途上国においてもやはり政府の行政指導というものは必要だと思いますが、この政府の行政指導というものは、あくまでも必要なものだけに限られるべきだと思うのです。たとえば下部構造であるところのインフラストラクチュアのように、マーケット、市場でどういうふうな活動をすればいいのかということを、そういう国の人々に教える程度にとどめるべきだと思うのです。市場というもの、マーケットというものをグループとグループのあいだで受け入れるのではなく、グループのなかでマーケット（市場）が健全な形で保たれていかなければならないと思うのです。つまり組織のなかでうまく市場を保つという面では日本はすぐれていると思います。

桑原　ちょっとお話が長くなったので、私、ご趣旨を十分につかまえられたかどうか、経済学はたいへん弱いものですからして……。私は日本の場合でも、経済現象あるいは経済ということを、文化あるいは文明の問題を考えるときに軽々しく見ていいという気持ちは全然もっていないのです。それで発展途上国でも政府の指導が必要である、これはもちろんそうであると思いますが、どう言ったらいいのでしょうか、日本の徳川時代も、日本の政府は封建制度を保つためにたいへん経済指導を強くしていたのではないか、場合によってはしすぎるところがあったのではないかと思っております。にもかかわらず、それぞれの藩——鹿児島の藩とか宮津の藩とかそれぞれの藩――のなかで、やはり商業は栄えていったと思うんです。ですから、私の書き方はたいへんまずかったけれども、経済のことを無視したつもりはないのです。

ハイエク　ええ、もちろん経済を無視されていたとは思いません。しかし経済と文化の葛藤というものを考えますと、やはりそういう葛藤というようなものはなかったと思うのです。経済的な組織はむしろ文化の基礎になるものだと思うのです。経済の上にはじめて文化という建物が建つのではないでしょうか。経済という方法を使って社会の価値というものが生まれてくるのではないでしょうか。自由な文化の発達を促すためには、しっかりとした経済基盤がなければいけません。経済基盤というものは、自由な市場、フリー・マーケット、あるいはプライス・システムのなかからしか生まれてきません。これは日本のなかにあると思うのです。ヨーロッパの諸国では、マーケットというものの価値を知って生み出したのではなく、そういう機能がほかの国にあったのをまねしただけなのです。しかし日本の場合には、伝統というものと新しい方法というものとのあいだで葛藤を経験されました。そしてその葛藤のなかから経済の発達に障害となるような伝統を排除し、また組織のなかで経済を助成していくようなものを育ててこられたと思います。でも、これがどうしてこういうふうになったのかが、まだ私にはよくわかりません。

桑原　たいへんむつかしいご質問で、私にはうまくお答えできないのではないかと思うんですけれども、おっしゃるように明治維新になりまして、つまりレヴォリューションのあとで、日本は西洋的なものを近代化という名前でどんどん採り入れたわけですね。そして明治の政府は何よりも工業化を図ったと思うのですが、それが、自分の国のことをほめるのはどうかと思いますけれども、相当うまくいった。その成功の原因の一つは、明治維新に先立つ徳川時代に日本風の商業がかなり発達しておって、そして分業もかなり進んでいたからだと思います。徳川時代の江戸や大坂というふうなところでは、商業の取引き——それを先生はマーケットという言葉でお呼びになるかどうか知りませんけれども——マーケットは十分にあったと思うのです。そして、私は経済はよくわからないからまちがっているかもわからないけれども、先生のいわれるマーケットというのは、もちろん物を売ったり買ったりすることを含みますが、そのほかにそれぞれの地域、あるいはそれぞれの国がもっているところの伝統、あるいは文化といってもいいのですが、それの調節、合理化、文化の交換、そういう作用も含んでいるのであって、単に麦を売って銅を買うとか、そういうことだけではなかったと思うのです。そういたしますと、そういう調節、合理化の作用は日本の徳川時代の社会には相当あって、そして、近代化という言葉はあとでまた議論になるかと思いますけれども、それに必要な一種の合理的な精神というものがそこに生まれていた。そして分業がかなり進んでいた。そうしたことがあったので明治以後西洋風の工業を採り入れたときに、それがたいへんうまく根づき、発展することになったのではないかと思うのです。

ハイエク　徳川時代の市というのは、そうです、私の言わんとしているマーケットに近いものですが、フリー・マーケットではありません。というのは、徳川時代にはそれぞれの職業は世襲的にきまっていました。新しい職業につくことはできなかったわけです。しかし明治政府になりましてから、幸い新しいものを採り入れなければならないということが認識されるようになりました。しかし、この新しいものというのがどういうものかわからなかったので、それぞれ自由に国民が新しいものを採り入れることを認めたわけです。ですから、個人が、あるいは数人集まったグループの人たちが、私がいうところの競争の発展過程というものをふんだのだと思います。政府は自分たちが新しいものがよくわからなかったので、経済関係のなかで新しいものを自由に人々に選ばせたわけです。それがかくもすばらしい発展を生み出させたのだと思います。それは第二次世界大戦前にもそのようなすばらしい発展が遂げられていたと思います。政府がこのように自由に経済を発展させたことがよかったのだと思います。つまり実際に国民が何がよいかを自分の目で選んで、それを進化の糧としたことがよかったのだと思います。これがいままで類を見なかったような急速な進化を生み出したのだと思います。ほかの諸国でこのようなことは発生していません。たとえば極東地域でも、日本と同じような経済発展を遂げた国はまだいまのところはありません。しかしこの日本においては、みずから制限をしなかったことがよかったのだと思います。

桑原　先生は、ヨーロッパにマーケットができたのも、マーケットをつくることが有利だということを合理的に理論的に考えたからできたのじゃなしに、おのずとできたということをおっしゃっていたと思うのですけれども、そういうことは日本についてもいえるのではないかと思うのです。

　明治政府には猛烈に反対する勢力がありました。それは自由民権運動、つまり国民に自由を与えて国民の権利を強めようという要求をかかげた反政府運動ですが、その連中が自由を求めて闘争したということは、明治当初の政府は、けっして実質的に自由主義ではなかったということです。けれども、いま先生がたいへんうまくおっしゃったように、どうしていいかわからない、というところは確かにあったでしょう。ただ、政府側も民権派も、西洋をモデルにして国をよくしようと、これはみんな考えていた。けれども、どうしたらいいかということが必ずしもよくわかってなかったかも知れません。ただ資本主義を育成するとか、つまり銀行をつくるとか、富岡製糸工場をつくるとか、いろいろ上からやったのです。それが十分に末端まで政府の考えるとおりになったかどうかわかりませんけれど。ですから、明治政府としては経済自由主義でやろうと思ったのではないけれども、結果において自由なマーケットができてきた、そういうふうに思います。

　そしてもう一つつけ足しますと、この第二次大戦の前、日本には、ファシズムといっていいかどうかはわかりませんけれども、軍人がたいへん専制的なことをやった時代がありました。これはけっして自由とはいえない社会ですが、その不自由と圧制のなかでも、日本の国民には、自分たちの生活を少しでも改良していこう、という進歩向上の気持ちは失われずに、ずっとあったと思う。それを軍国政府は抑えていたわけですし、また戦争中に生活が向上するわけはありません。

ただ敗戦したとき、その長いあいだ抑えられて、いわば蓄積された生活への欲求が解放されて、それが戦後の経済復興の原動力の一つとなったのではないかと思います。日本の国民は、戦争中あるいは戦争前の圧制的な政府にたいする反撥から、政府というものを、率直にいってあまり信用しなくなった。政府の指導などによらないで、経済のことは経済界でやってゆこうと、そういう考えに日本人の多くはなったと思います。戦後日本の発展についてはもちろんいろいろたくさんの理由がありますけれども、ハイエク先生のおっしゃったことになぞっていえば、戦後の日本の人々には、政府にたよらないで、経済でも学問でも、それぞれ自前で自由にやろうという気分がつよく、これがたいへん日本を躍進させることになったのではないか、その点ではハイエクさんと同じ考えだと思うんです。第二次大戦後はそうだったと思います。

ハイエク　そうですね、日本の場合、とくに私にとって興味が深いのは、これほど短い期間のあいだにこういうような発達を遂げたということなんです。ヨーロッパの場合には、いわゆるマーケットというのはかなり早くから出てきました。たとえばオランダの場合には無政府状態に近かったので、また英国の場合も政府が弱かったので、オランダの例をまねたわけです。オランダの商人が成功したので英国の商人もまね、そしてそのほかのヨーロッパ諸国もまねたわけです。ですから、三〇〇年たったあとまたアメリカの商人もこれをまねたわけです。

ところが日本の場合には、ここ三〇年ほど、あるいはごく短期間のあいだに生まれたわけです。つまり政府が弱いからというわけではなく、経済の発展を助長するために、マーケットが西洋諸国で発達したというようなものではなく、いわば物まね的なところがあったと思うのです。むしろもし十分に能力のある人々ならば、何かいい機会があれば、その機会をとらえようとするのはあたりまえのことだと思います。その結果、たとえばヨーロッパ人がつくったような法律的な枠組みができ上がったのだと思います。ところが日本の場合には自発的にいろいろな手段を行使したわけです。そうすることによって日本人の心のなかにあったいろいろな目的をさまざまな手段を使って生み出して行かれたのだと思います。そうすることによって経済的なものを成長させ、そして経済的なものを達成したあと、さらに高次元の目的に向かって邁進されたのだと思います。

桑原　「いろいろな目的をさまざまな手段を使って」とおっしゃった、そこの意味がちょっとよくわからなかったのですけれども。

ハイエク　私は、手段、つまりほかの目的に使うことのできるような道具と、それから実際に目的のために選んだ道具とを分けたわけです。経済的なものは経済的な手段を使っていろいろの目的を達成することができるわけです。そして自由に手段を選択し、あとで自分の目的に合った手段を経済的な手段のなかから選んでいくわけです。日本の場合には、ひじょうにうまくかなり幅広い道具を使って物をつくり出してこられたと思うのです。しかも、それらの手段をそれぞれ個人個人の目的のために使ってきたと思います。日本はたくさん物まねをしたとは思っていません。まったく物まねをしなかったとはいいませんが、これは不可避なことだと思います。一般的にいって、私がさきほど申しましたように、一つの伝統と別の伝統、つまり新しい生産性を生み出すようなものと調和させるというのはむつかしいわけです。つまり西洋の効率のよいテクニックを日本の特別な目的を遂行するために使うというのはひじょうにむつかしいと思うのです。

桑原　日本が短い時間のうちに躍進したということ、短い時間でたいへんな変化をしたというご指摘は、私もそのとおりだと思いますけれども、その理由の一つとして、こういう事実があります。日本は、歴史以前と申しますか、古代において、ずいぶん後進地域であった。農耕のはじまりがおくれています。農耕がいつからはじまったかということは、先生のほうがよくご存じですけれども、中国と日本とを比べますと、中国では紀元前およそ四〇〇〇年ごろに農耕をはじめたと、近ごろは言われております。それにたいして日本はだいたい紀元前三〇〇年といわれます。これはもう少し古い方へ上がるかも知れませんけれども、ともかくそこに三〇〇〇年以上の開きがある。ところが日本は、それをかなり短いあいだに追いついた。どういう過程でということは、文献等もないし、考古学の遺物も少ないから、実証的なことはあまりいえないけれども、短い時間のうちに追いついている。日本には先進文化を受けいれて、それを短い時間のうちに自分のものにするという、そういう文化のパターンが大昔からあったのではないかという気がするのです。

徳川時代に中国の思想とか芸術とかを取り入れて、これも瞬くうちに、追い抜いたなどとはけっして申しませんけれども、かなりなところまで自分のものにした。国民の伝統あるいは文化のなかに、そういう摂取、消化のパターンといいますか、あるいはそういう精神的なアティテュード、態度というものが古くからあったのではないか。それが明治維新になって西洋のものを大幅に取り入れ、また最近では第二次大戦後にいろいろなものを入れて、それを早くこなしたということには、二〇〇〇年来の伝統的な精神の態度というものが効いているのではないか。

それと相即、つながることですけれども、日本人はたいへん好奇心が強い。これは私は否定できないことだと思います。キリシタンの宣教師も指摘しています。これを悪くいう人は、日本人は世界じゅうのことを何でも採用する、無選択に採用するといって批判する。けれども、世界のあらゆることに好奇心をもつという姿勢、これを中国と比べますと大へんな違いです。私は中国の文化を大いに尊敬するし、評価するものですけれども、一六世紀、一七世紀、そのころの中国人は、西洋のものにたいする好奇心が日本人よりはるかに弱かったと思うのです。日本は当時もちろん鎖国をしていたのですけれども、そういう外国のものにたいする好奇心、さらにそれのあらわれとしてのアペタイト、知的食欲が旺盛だった。これが中国と日本の一番ちがうところだと思うのです。そういうことが経済現象にもあらわれるのですけれども、基本的にそういう姿勢の違いがあったと思うんですが、先生はどう考えられますか。

ハイエク　そうですね、たいへん上手に先生は説明されました。つまり、日本人がどういうふうにして学んできたかということを説明されたと思いますが、日本は長いあいだいろいろな文化を学んできたと思います。そして日本の独自の文化というものを安定したものとして育てたと思います。この学ぶという能力が明治維新の時期に花咲いたのではないでしょうか。国がまったくその門戸を開き、そして学ぶという能力もそのふたを完全に開けて努力をしたことが、日本の文化をここまですばらしい新しい開発、発展に向かって歩ませたのだと思います。

桑原　いまおっしゃったことはまったく同感なんですが、外から見ると、日本はたいへん独特な、よそと違う文化をもっているように見えて、また事実そうであるかもわからないのですけれども、にもかかわらず、日本人の意識のなかではけっして自分の伝統に固執するものじゃなくして、伝統をもちながら、それをいつも発展的にとらえていく。伝統を固守しない。つまり、おれのところはおれのところでいいんだと、そういうのでなくして、いつでも外に好奇心をひらいている。そして少し極端にいえば、日本には「おのれを空しくする」という言葉があるのですが、自我を忘れてしまうところがある。人間はもちろん自我を忘れることはできないのですけれども、あたかも忘れたかのように謙虚になって、本気になってよそのものを学ぶところがある。日本は短い時間にどうして追いついたかという問題もこれと関係するのではないでしょうか。自己を失うのではもちろんないけれども、自己をあまりしょっちゅう考えないで、やろうとすることをやり、また、よそのいいものは「おのれを空しくする」というふうにしてとらえたせいではないでしょうか、そんなふうに思うんですがね。

日本民族は他民族の支配をうけなかったという意味で、いつも自由だったと言えるのではないでしょうか。日本にも圧制の時代はたくさんあったのですけれども、いつでも日本人は民族として自由を好んでいたのではないか。その点はたぶんご承認が得られるのではないかと思うのですけれども。

きょうはいろいろお話を承って、私の方で十分お答えできなかった点もあったのですけれども、それはまた改めて時間をゆっくり持って、文化論、経済論をつづけたいと思います。どうもありがとうございました。

解説

米山俊直

一

昨年（一九七八年）の九月十日（日曜日）の午後、桑原武夫先生からとつぜん電話がかかってきた。

——君はいつからアフリカへ行きますか。

——十一月一日からの予定でおりますが。

ここで電話はちょっと中断した。先生は電話器を手にしたまま、誰かと何ごとかを話している。しばらくして、

——君はハイエク、という名前をきいたことがありますか。フォン・ハイエク。

——経済学者ですか。

——ああ、ノーベル経済学賞を受けた人です。その人が京都へ来て、今西クンと対談をする

ことになったのです。ついては君にその世話をしてほしいのですが。ちょっと、今西の家までですぐきてくれませんか。

ははあ、これは今西錦司先生のさしがねだな、と私は思った。すぐこい、というあたり、今西先生らしい。山の仲間では、〝今西さんのイラチ〟はよく知られている。イラチというのは京都語でせっかちにいらだつ人を指す。今西先生は豪放磊落なところがよく知られているが、一面では義理がたく、神経質で、イラチである。

この予想は正しかった。今西先生は、ハイエク博士が奥さんづれだということを知って、その応待もできる人間をさがし、私の家内に手伝わせることを思いつかれたらしい。のち彼女はハイエク博士夫妻、あるいはときにハイエク博士夫人を案内して、桂、修学院の離宮、仙洞御所、そして和紙をすく村である京都府下の黒谷にまで、足をのばすことになった。

ともかくそんなわけで、私は九月十日午後六時二十九分、ひかり一一五号で入洛されたハイエク博士夫妻をむかえた。そして、この本にふくまれる三回の対談のほか、いくつかの集まりに博士夫妻を案内する役割を果たすことになった。その中には、九月二十九日の今西先生の千山登山記念祝賀会もふくまれている。

ハイエク博士と夫人の来日は、博士の組織した自由主義者の国際団体モンペルラン・ソサエティの年次大会が香港であり、そのあとアメリカのスタンフォード大学にある高等学術研究所にゆく途中に実現したものであった。

すでに何度も来日されたハイエク博士は、犬山や高崎山、幸島を見ていて、今西先生らの仕事を知っており、日本の独創的な思想家としての今西先生と対談してみたいという希望があって、こんどの対談のはこびになった。私たちは京都での日程のあいだをお世話することになり、桑原先生、今西先生に、西堀栄三郎先生を加えた三先生が「ハイエク博士を歓迎する会」をつくり、私はその事務局、ということになった。事務局は朝日新聞社、NHKなどの連絡、通訳の手配、それにさきにのべた見学、見物のガイド役などを担当したことになる。学生諸君との対話の機会も、京都大学楽友会館でつくったが、そのときのハイエク博士の講演テーマは、「社会主義の反動的性格」というプロボカティブなものであった。しかしこのタイトルにかかわらず、たくさんの学生たちとの議論が比較的冷静におこなわれたのは印象的だった。いつもは経済学者が中心になるところなのだろうが、今度の京都滞在のあいだには、青木昌彦氏らが顔を見せたけれども、もっぱら経済学者以外の人たちと会われることになった。

この本を生んだ今西先生との三回の対談、桑原先生とのNHKのテレビ対談のスケジュールは、つぎのようであった。

九月二十一日　ハイエク・今西第一回対談　都ホテル　西堀栄三郎氏同席
九月二十五日　ハイエク・今西第二回対談　妙心寺塔頭春光院　桑原武夫氏同席
九月二十七日　ハイエク・今西第三回対談　妙心寺塔頭春光院　桑原武夫氏同席
九月二十八日　ハイエク博士講演　京都大学楽友会館

十月五日　ハイエク・桑原対談　NHK京都放送局にて収録（十一月七日　教育テレビ・『インタビュールーム』で放映）。

妙心寺の春光院は、故久松真一博士のおすまいだったところ。そのおちついた庭に面した大広縁に椅子をしつらえた対談場は、管長の山田無文老師らの配慮であった。

今西先生はハイエク博士があらかじめ準備された論文――この本の附論1「人間的価値の三つの起源」をよく読んで、対談にのぞまれたようである。ハイエク博士もまた、三条寺町の店で手に入れた和紙和とじの帳面に、何ごとかこつこつと細い字で書きこんで、対談に出席された。

いちばん苦労したのは、通訳をお願いした「インターグループ」の人たちであろう。ハイエク博士は、ドイツ語なまりの英語で、ドイツ語流にたくさんの関係節でつないだ話しかたをされる。遂語訳でもたいへん骨がおれる。それに今西先生のほうも、「ヤオヨロズの神」、などといいだされるので、たいへんだっただろうと同情する。

この本の対談は、その三回の対談の速記をもとに、テープをたんねんに聞き直して加筆修正したものである。今西先生の発言は先生ご自身が、かなりこまかく加筆修正をしてくださった。

二

フリードリッヒ・アウグスト・フォン・ハイエク博士は、一八九九年五月八日、ウィーン生まれ、オーストリア帝国の貴族の家系で、父親はウィーン大学の植物学の教授、経済学におけるオーストリア学派の始祖とされるカール・メンガー（一八四〇―一九二一）、その弟の法学者アントン・メンガー（一八四一―一九〇六）も親類という（ハイエク・一九七七・二五九―二六〇）。知的な家系の育ちであった。古い経済学辞典にも「性格は柔軟温雅の風があるといわれている」とあるが、これはこの生いたちのせいとされる（東洋経済新報社・一九四八・『体系経済学辞典』・九一三）。

その経済学史上に占める地位は、ここでは当面の話題ではない。その簡単な経歴を、人名辞典のひとつから引用しておくことにする。

――ウィーン大学で学び、オーストリア景気研究所長、ウィーン大学講師、ロンドン大学教授、シカゴ大学教授を経て一九六二年以降西ドイツのフライブルク大学教授。オーストリア学派の継承者で、『景気と貨幣』（一九二九）や『価格と生産』（一九三〇）で景気循環の問題を貨幣的側面と実物的側面の両面から分析し、その窮極的原因を銀行の信用創造に求める貨幣的景気理論を提唱、景気の安定を図るためには貨幣の中立性を維持することが必要であることを説いて経済学に貢献した。また『個人主義と経済秩序』（一九四八）で経済政策や計画を排する徹底した自由主義を主張。一九四七年に自由主義者を集めた国際団体「モンペルラン・ソサエティ」を創立しその初代会長となった。一九七四年ミュルダールとともにノーベル経済学賞受賞。（上原一男・一九七七・一〇一一）

十五歳の年に第一次大戦がはじまり、若いハイエク少年も兵士として戦場にゆくが、敗戦。その後大学に入って勉強に熱中し、法学・経済学の学位をとる。アメリカに渡ったが計画が狂ってニューヨークで皿洗いののち、むなしく帰国。そのあと先生のミーゼスの推挙で、二十八歳で景気研究所長に就任、二年後の業績は日本をふくむ世界各国の学界に影響を与えたようだ。ほかに経済学の業績としては、〝リカード効果を説いた『利潤・利子および投資』(一九三九)、実物的生産構造の重要性を主張した『資本の純粋理論』(一九四一) などがあげられる〟(平凡社・『世界百科事典』・一九六七版・一七・六九七)。

しかし、ハイエク博士の業績はその後、経済学をはなれる。中山伊知郎氏はつぎのように書いている。

――戦前のハイエク教授は『物価と生産』という名著を通じて、景気変動の理論家として知られていた。そして理論経済学者としての教授の業績は、一九四一年の『資本の純粋理論』まで続いていた。しかしそれから経済理論的な研究発表は急になくなり、教授もまた第二次の大戦後の混乱をさけて、アメリカに移った。教授の興味の中心は、自由とか、社会法則とかの、倫理的・哲学的根本問題に移ったと伝えられ、私もしばらく教授の記憶とははなれていた(中山・一九七七・一―二)。

これには、また別の説明もある。

――五十年にわたる〝ハイエク学〟は、二つの峰からできている。一つは景気変動論を中心に置いた純粋理論経済学であり、主として前半二十五年の業績である。二つは法学、政治学、哲学、心理学、文化人類学などの総合学問で、後半二十五年の業績がそれにあたる（ハイエク・西山千明編・一九七七・一四）。

私たちも、アダム・スミスに『国富論』のほかに『道徳情操論』があり、マルクスに『資本論』のほか『哲学の貧困』その他があることを知っている。しかしともすれば経済学者といえば、経済現象だけを追う専門家でなければならず、ほかのことに口を出して、本をあらわしたりするのは何か脱線行為のように思いがちなところがある。これは学問ないし科学が専門分化してしまったのちになってから、知識を身につけた今日の人間の弱点なのかもしれない。経済行動・経済行為が、より広い人間の文化的行動の一部であり、けっして合理的な計算だけで動かないことを日常的に経験していながら、私たちは経済学者が『哲学・政治学・経済学・思想史の新研究』（ハイエク博士の一九七八年の新著）などという名の本をあらわしたりすると、うさんくさく思うのかもしれない。しかし考えてみれば、経済学を狭い数式モデルの羅列の世界にとじこめておくことこそ、大きい錯覚であり、そういうところに閉じこもる専門家のほうが、ほんとうはうさんくさいのかもしれないのである。

『哲学の貧困』ならぬ『歴史主義の貧困』を書き、『開かれた社会とその敵』を書いたカール・ポパーの自伝『果てしなき探求――知的自伝』の邦訳が出たが、このなかにはハイエク博士がしばしば登場する。ポパーはハイエク博士にロンドン大学で会い、そのセミナーで「歴史法則主義の貧困」という報告をしたのが、一九三五年だった。二年後、ヒトラーがオーストリア占領、ポパーはその報告を本にしようと決意するのだが、三七年からの数年はニュージーランドに住む。四五年のはじめ、ハイエク博士からの電報で、ロンドン大学に招かれる。「ハイエクは私の命をもう一度救ってくれた、と私は感じた」とポパーは書いている（ポパー・一九七八・一七〇）。一度目は、ニュージーランドでまとめた『開かれた社会』の出版社をみつけてもらったことを指している。

このポパーの自伝は、ヨーロッパ（そしてその延長としてのアメリカ）の知的世界、とくにウィーン学団を主とする人々の消息をいきいきと伝えておもしろいが、そのなかでハイエク博士は、世話ずきな、いわば兄貴分として登場してくるのである。

京都駅で初めて会ったハイエク博士は、その老齢にもかかわらず元気で、お人柄のよさはすぐに了解できた。

三

遠来の論客をむかえる立場にあった今西錦司先生を、ここであらためて紹介する必要はあまりないだろう。しかし、バランスのうえからも、まったくはぶいてしまうわけにはゆかないだろう。

今西先生については、桑原武夫先生の卓抜なエッセイ「今西錦司」（桑原・一九六六）をはじめ、上山春平、梅棹忠夫、川喜田二郎、吉良龍夫、藤岡喜愛の各氏に、それぞれの今西錦司論がある。（上山・一九七二、梅棹・一九五一、川喜田・一九六七、吉良・一九七三、藤岡・一九七七）それぞれおもしろいから、これらをまとめて『今西錦司論』という本がそのうちにきっとできるのではないだろうか。

ハイエク博士と対比の意味で、やはり人名事典の一例を引用しておく。これは筆者はじつは私なので、そのまま再録する。――

今西錦司は一九〇二（明治三五）年一月六日、京都西陣の織元〝錦屋〟今西平兵衛の長男として生まれた。祖父母、父母はじめ雇い人を含めて三〇人もの大家族で、幼時は奉公人の手で、大店のあとつぎとして育てられた。町のなかであるが、幼年時代から庭のヒキガエルやコオロギを相手にし、また祖父の建てた上賀茂の別宅の池のコイや、周囲の自然に親しみ、ドジョウ、ゴリあるいはカブトムシを追った。昆虫採集も少年の頃から始めている。

祖父はフランスへ織物研究に行った人で、府会議員などもつとめている。今西自身、この祖父の影響が大きかったといっている。後年のいくつもの登山、探検のリーダーとしての性格は、大きい家族の長男としての生育のなかで身についたものであり、またその美食の嗜好も、京都の町衆文化を継いだものといえる（『今西錦司全集』第一〇巻所収の「私の履歴書」参照）。

子供のころは、どちらかといえば体が弱かったが、高等小学校一年を経て京都第一中学校に入学した年、愛宕山への学校からの登山で、先頭で登って自信をつけた。あと中学二年のとき富士山へ、四年には日本アルプスへ登っている。中学のマラソンでも一着になった。そのときの水色のパンツ姿を、桑原武夫が記憶している。当時の京都一中の山岳部長は金井千仭、校長はのち三高の名校長といわれた森外三郎であった。森らの徹底した自由主義教育が、今西らの世代を方向づけているところは大きいようだ。

今西自身、自由をなによりも優先させる信条をそなえ、〝自由人〟を志向している。中学四年のとき、同級生一〇人と青葉会という登山グループをつくり、山城三〇山という登山目標を決めた。そのころから北山が今西らの夢をはぐくんできているが、今西はこれを自分の〝山登りの発端〟としている。一九二〇（大正九）年第三高等学校に進学。西堀栄三郎、桑原武夫らと、二三年から三高山岳部を再編し、スキーをはじめ、山に情熱とエネルギーをかける。立山の冬季登山などを果たす。三高から京大（当時は京都帝国大学）農学部農林生物学科に進む。農学部のロマンティシズムもあるが、直接の動機は、理学部の実験にしばられていると、剣岳の源次郎尾根の初登頂が果たせない、ということにあった。この初登頂は一九二五年である。

室町の生まれであった母が、一中の三年のときに亡くなり、さらに祖父が、また商売をやめた父が、三高の卒業前にあいついで世を去った。父も、商売のあとは継がなくてもいいと、生前に示唆していた。一九二八（昭和三）年、京大を卒業、同年一二月、洋画家鹿子木孟郎の長女園子と結婚。また幹部候補生として伏見の工兵隊に入隊。一〇カ月後曹長として除隊。のち陸軍工兵小尉に任官した。そのあと西陣の家から、下鴨の新居に移った。現在までそこに住んでいる。

このころから賀茂川などをフィールドにして、渓流性のカゲロウ幼虫の研究を開始。一九三〇（昭和五）年から四〇年まで、その結果が『京都大学動物学教室紀要』に英文報告として連続的に発表された。今西理論のひとつの出発点である〝すみわけ〟は、この研究の過程で三三年に発見されている。ここから、今西の〝種社会〟の理論構築が始まる。四〇年、この研究によって理学博士の学位をとる。

このおなじ時期、今西は一貫して山をねらい、その目標をヒマラヤにおいている。学生時代からの山についての研究は、一九二四（大正一三）年の「薬師岳の新登路」に始まり、「剣沢の万年雪に就いて」（一九二四）、「日本アルプスの雪線に就いて」（一九三三）など、のちに『日本山岳研究』（一九六九）に収められた諸研究や、第一随筆集である『山岳省察』（一九四〇）に収められた文章として世に問われている。また「ケッペンの気候型と本邦森林植物帯との垂直分布に於ける関係について」（一九三三）、「日本アルプスの垂直分布帯」（一九三八）などの植物分布の研究も生まれた。一九三二（昭和七）年、南樺太東北山脈踏破。三六年、白頭山冬季遠征。三七年南樺太調査。三八―三九年、内蒙古の草原の調査と、その遠征登山、学術調査は続く。しかしこれらの活動は、第一次（一九三二）、第二次（一九三八）のヒマラヤ計画のいずれもが、満州事変、日中戦争によって流れたという、ＡＡＣＫ（京都大学学士山岳会、三〇年五月結成）を中心とする計画の挫折と表裏している。

一九四一（昭和一六）年、『生物の世界』（『今西錦司全集』第一巻所収）が出版される。戦争で召集を予想して、遺書のつもりで書きおろした〝自画像〟であった。（1）相似と相異（2）構造について（3）環境について（4）社会について（5）歴史について、という構成をもつこの書物は、すみわけ、種社会、同位社会など、今西理論の基礎的概念を含みその後の理論的展開の芽を含んだ、重要な著作であり、この書物で今西学の骨格が一般に示されたといえる。今西は、登山家、探検家、生態学者、エッセイストとしてのそれまでの評価に加えて、独創的思想家、哲学者としての偉大さをこの書物で示した。競争原理を軸とする自然淘汰・適者生存の西欧的生物観に対して、いわば共存原理に立つその理論は、非西欧的発想と見ることもできよう。

おなじ年、森下正明、川喜田二郎、梅棹忠夫、藤田和夫、吉良龍夫、中尾佐助らの参加したポナペ島学術調査隊のリーダーになることを頼まれてひき受け、森下を副隊長として七月から一〇月までポナペへ。その成果は『ポナペ島――生態学的研究』（一九四四）としてまとめられた。

この探検の帰途の船上で、〝大興安嶺探検〟の計画が今西から提案される。あくる一九四二（昭和一七）年それが実現し、ポナペ組に加えて土倉九三、加藤醇三、川添宣行、小川武らが参加し、北部大興安嶺の縦断に六七日間で成功。その成果は『大興安嶺探検』（一九五二）として刊行された。

一九四四（昭和一九）年、張家口に蒙古善隣協会が西北研究所を創設、今西はその所長となる。副所長石田英一郎、森下、梅棹、中尾らのほか、藤枝晃、甲田和衛、野村正良らが参加。草原の総合調査が始められたが、敗戦。いっさいを捨てて去り、北京に一〇カ月滞在し、四六年六月帰国、満四四歳である。

京大動物学教室の無給講師にもどったが、一九四七(昭和二二)年には奈良県の平野村調査、のちに『村と人間』(一九五二)としてまとまる。四八年から、伊谷純一郎・川村俊蔵・河合雅雄らと、野生ウマ、シカ、さらにニホンザルの生態観察を始め、『日本動物記』を編集刊行。やがてニホンザルからゴリラ、チンパンジーなどを含む霊長類研究が展開する。他方では、『遊牧論そのほか』(一九四八)、『生物社会の論理』(一九四九)、『人間以前の社会』(一九五一)などが、この時期に執筆されている。

一九五〇(昭和二五)年、京大理学部から人文科学研究所講師に移る。桑原武夫、貝塚茂樹らがいた。一〇年のちになって五九年、同研究所に社会人類学部門が新設され、その教授となった。五七歳。ついで六二年、理学部に自然人類学講座創設、その初代教授に併任。六五年の停年退官まで、人文科学研究所と理学部のかけもちだった。

この時期、海外学術調査がつぎつぎと行なわれ、そのリーダーをつとめている。マナスル登山隊の先遣踏査隊長(一九五二)、カラコルム・ヒンズークシ学術探検隊のカラコルム支隊長(一九五五)。チンパンジー・ゴリラ調査のためベルギー領コンゴ(現ザイール)へ(一九五八)。そして一九六一—六三(昭和三六—三八)年、第一次、第二次アフリカ類人猿学術調査隊長など。他方、人文科学研究所で〝人類の比較社会学的研究〟などの共同研究を主宰。アフリカ関係には富川盛道、和崎洋一らが、また共同研究を介して上山春平、岩田慶治、藤岡喜愛、谷泰らが研究に参加。また著作も多い。

京大退官後、岡山大学につとめ（一九六五―六七）、のち岐阜大学学長を二期（一九六七―七三）つとめる。その間に一九六九（昭和四四）年、霊長類研究グループとして朝日賞を受け、七一年、文化功労者に選ばれる。七三年退官後は、自由人を宣言、日本山岳会会長をつとめたが、〝種社会〟を基礎とする独創的進化論をまとめるかたわら、山登りを続けている。京都大学、岐阜大学名誉教授。（米山・一九七八・一七五―一七七）

四

このようにハイエク博士と今西先生のライフ・ヒストリーをたどると、いくつかの〝相似と相異〟がみられる。まず相似点、

一、お二人とも、自由を愛し、その価値を高く評価していること。岐阜大学学長としての一人ずまいの生活を終えられたあと、今西先生は一九七三年九月、京都大学人類学研究会（通称近衛ロンド）の第三一六回の例会のまねきに応じて話し、自由人になることを宣言している。ハイエク博士は「自由主義哲学の構築を目指して」一九四七年にスイスのモンペルランで結社をつくり、

その地名をとってモンペルラン・ソサエティとしたのは有名である(ハイエク・一九七七・二七六)。
二、ハイエク博士は一八九九年、今西先生は一九〇二年のお生まれであり、なか一年おいての同世代人であること。両大戦をふくむ今世紀の世界の動きのなかで、生きてこられたという点では、共通である。
三、ウィーンと京都という、いずれも大きい都市の伝統のなかで、貴族とブルジョアの差はあるとしても、豊かさと、家柄の誇りを背景にした人となりにも、共通点がある。
四、そしてお二人とも、兵役のあとはアカデミズムのなかでの生活がその中心を占める。学問への情熱は、若いころから七十歳を過ぎた今日まで、たゆまず続いている。勉強などやめてしまった老大家もいるなかで、両先生のいまもあくことない学問への精進を目のあたりにすると、まったく頭がさがる思いがする。
五、お二人とも、狭い専門にこだわらず、進んで広い学問分野について旺盛な関心を示し、とどまるところがないところも似ている。
京都滞在中のある一日、ハイエク博士夫妻が私の家に立寄られた。私の家のせまい客間には本棚が侵入していて、そこには主としてアフリカ関係の文献がならんでいる。ハイエク博士はそのなかから、東アフリカで出版された何冊かの本に目をとめ、「これは読まないといけない」とつぶやきながら、ノートに本の名を書きとめて行かれた。

今西先生のほうも、その机上には新しい文献のコピーがいつもある。目がすこしご不自由ということで、拡大された欧文のコピーがよく開かれている。
六、その結果、学問的成果も、狭い専門の枠におさまってはいない。ハイエク博士が、純粋な経済理論以外の分野に、その関心を移してゆかれた過程はまえにみた。そのあいだに博士の『隷従への道』（一九四四）のように大ベストセラーとなり、日本語、中国語をふくむ多くの言葉に訳された本も生まれている。
今西先生も、渓流のムシから、植物、ウマ、サル、ゴリラ、人類とその対象が広がり、生態学、霊長類学、人類学、そして進化論とその学問展開は大きい。多くの人は今西先生を哲学者、思想家と呼ぶが、その点ハイエク博士のほうも、もう経済学者というだけでなく、思想家と呼んでいいのだろう。

今西先生は、近年ダーウィン的自然選択・突然変異を軸とした進化論を批判して、独自の進化理論を構想しつづけて現在にいたり、他方ハイエク博士は人間行動の基礎のところに他の動物から一歩進んだ新しい展開があることに着目し、それを明確にとらえようとして、人類学や動物行動学、あるいは社会生物学にも批判の目をむけている。その出発点や接近方法はことなっても、その学問的営為の長さ、しつこさ、奥ゆきの深さには、あい通ずるものがあるのではないだろうか。

しかし、もちろん相異点もすくなくない。なによりもまず、今西先生は日本人である。日本の伝統をずっしりと身につけている。それも、ローカルなものでなく、千年の都の育ててきた身だしなみや美食の習慣、それなりの合理性と理屈。そして密教的神秘主義と京都的美意識がある。これは、オーストリア貴族の文化伝統――キリスト教とくにカトリック、騎士精神、ヨーロッパ的合理性、オーストリア学派、ウィーン学団の論理性、などなどに彩られたハイエク博士の文化的背景とはおのずから異なっているのである。この〝文化的背景〟の相異は、典型的にはその対話の言語表現にあらわれている。今度の対談のうえにうかがえる真正面からの議論の拮抗や、意外なすれちがいの部分は、文字通り東洋と西洋、あるいは日本とヨーロッパのぶつかりあい、出会いの結果だと思われる。それだけでも、この対談はたいへん興味ぶかい。

春光院の庭にときおり目をやりながら続けられたこの対談を、傍聴できた私は、土俵下の砂かぶりで横綱相撲を見あげているような気がときどきした。お二人の老大家はもの静かに、ゆっくりと話しあって居られる。だが、話題はときに底知れぬ東西文明間のクレバスをうかがわせ、ときにそれを避けた交流の小橋がかけられたようにみえた。

今西先生もその名を国際的にしたいくつかの欧文の学術論文を別にすれば、もっぱら日本語をつかい、それもなかなかのつかい手である。

ちょっと脱線になるが、対談のなかで、ハイエク博士の発言でおかしかったことがひとつある。日本のサル学の話をしていて、博士が「名古屋の今西教授」という名をあげ、その研究のすばらしさをほめられた。これには今西先生は「だれのことかいな」とへんな顔をされた。これは、犬山から刊行されている欧文の霊長類研究の学術誌『プリマーテス』の今西論文のことで、博士はその著者の動物学者と、目のまえの今西先生が同一人物だと思いつかなかったらしいのである。反対にこの本の読者のなかには、今西先生と対談をしているハイエク博士が、第二次大戦前に豊崎稔氏の訳になる『貨幣と景気変動』（一九三四）の著者とつながらない人があるかもしれない。

ともかく今西先生は日本語の文脈では達人であるが、ハイエク博士は日本語をよく知らない。そして、ハイエク博士のほうは、これまた国際的に有名な人だといっても、西欧的文脈をこえている異文化との〝対話〟は、おそらくはじめてであろう。一般に西欧文化のなかの人たちの多くは、その文化の、したがって言語の、文脈をこえて理解しようとする態度はすくなく、その例外はおそらく良心的な人類学や言語学の研究者ではないかと思われる。

このハイエク―今西対談は両者が期せずして、文化を超えた対話を意図したのである。それも、子供どうしのコミュニケーションのようなものではない。まさに最先端をゆく主題についての議論であり、大きい確立した権威としてのダーウィン説への批判に挑戦する話である。これはまさしく、ひとつの知的冒険《アドベンチャー》であった、といってよいだろう。

五

さて、お二人の冒険的《アドベンチュラス》な対談は、私たちの思い入れないしおもわく通りに成功したであろうか。これは、読者が直接その目でたしかめ、判断していただくほかない。ここでは、はからずも立会人になった私が抱いた、勝手な感想だけを、参考までにつけ加えておくことにしたい。ハイエク博士の著書は、かりにその若き日の理論経済学的労作を別にするとしても、数も多いし、その生産はいまもなお続いている。附論の1として博士の厚意によって訳出した論文も、今年（一九七九）になって刊行された著作にふくまれているものである。

今西先生のほうも、現在もなお学問的生産活動はつづいている。ここでもバランスをとるために、私たちは附論2として最近の講演（雑誌『第三文明』一九七九年四月号に収録）を再録することを許していただいた。対談の内容をすこしでも補うための努力であるが、じつはこれだけではまだ不充分なのかもしれない。しかし、ハイエク研究、今西研究はとりあえず後世の思想史家の手にゆだねて、あまり深入りしないことにしよう。ここでは三回の対談に即しての感想をのべるにとどめる。

第一回の「自然」の対談は、都ホテルの北むきの窓から岡崎・聖護院から左京区の一帯を見わたし、東山が大文字から比叡へとつらなる大きいパノラマがみえるところでおこなわれた。山の話から対談がはじまっているのはそのせいである。自然についての話をすすめているつもりが、ハイエク博士が長い〝イントロダクション〟をつけくわえたため、すこし脱線したかと思われたが「自生的体系」という言葉がでてきて本題に入り、自然選択、突然変異、と話がすすんで、かなりシャープな議論が展開する。あいだに通訳の人がいることを忘れてしまうほど、相互に話の内容を理解して話をすすめている。

ほとんど初対面どうしのお二人の話しあいとしては、私たちが心配していたようなすれちがいはなかった。つまりお二人はそれぞれ、自説を主張するとともに、相手の説をよくきき理解することに、たいへんな努力をされていることがよくわかった。

第二回目からは、妙心寺の春光院。桑原先生が立ち会われたほか何人かの傍聴者が加わる。禅僧の方たちも数人、だまって話をきいておいでになる。

人間とそのほかの動物のあいだを分ける明瞭な境界はないこと、学習（教育）の重要性、といった点ではお二人の考え方はおよそ一致するが、そのあと直立二足歩行の話から、突然変異、さらに自然選択というダーウィン流の進化論に対して、今西先生から独自の強い疑義を出される。ここはハイエク博士のほうが、かなり注意ぶかく耳をかたむけるほうにまわっておいでであった。

話題は文化におよび、今西先生が言語の発生を比較的新しい時代（一〇万年以内）にもとめる説を出されたのに対して、狩猟採集時代の狩りの必要から生まれたとするハイエク博士は、もっと古いという立場をとっている。このあたりの問題は一つひとつが重要な未だ決定的な定説がないものなので、この二説は二つの仮説的立場を代表するような発言になっている。

さて、最終回は「文明」をめぐって、場所はおなじ春光院。前回ははじめる前に別室でお茶の接待をうけたが、今回はその時間も惜しい様子ですぐ対談に入った。通訳ももう一人応援がついた。

言語の発生をめぐる議論がひとしきりあって、そのあと「自生的体系」というハイエク博士の概念をめぐっての議論に移る。この言葉は今西先生のほうも気に入っているところだ。

ついで文明化と、そのときマーケットの果たす役割、そして「ルール・オブ・コンダクト」（行動規範）に話がおよぶ。第一回のいちばんはじめから、ハイエク博士のセオリーは一貫している。それはここの部分で、ことに桑原先生のていねいな質問が加わって、かなりはっきりすることになる。つづいてマルクス、フロイドにふれたのは、ここでとりあげられているハイエク説（附論1）の座標をたしかめる作業だったといってよいだろう。今西先生は、マルクスとフロイドの影響をあわせて、ダーウィンもまた二〇世紀をゆがめた、といい、ハイエク博士がダーウィニズムをすてないのは、還元主義のわざわいするところである、という。ハイエク博士は、ダーウィンをその後の〝進歩〟があった点で他の二人と分けて考える。

三回とも、おたがいに敬意をこめつつも、それぞれの立場をはっきりさせ、ゆずらない。

私はこのお二人の熱心な討論に、いずれも喜寿をこえてなおたくましく思索をつづける学問の先達の姿をみたように思った。

六

ハイエク―今西対談が進行しているあいだに、いくつかの動きがあった。朝日新聞大阪本社学芸部の長井康平氏が、ハイエク博士をインタビューして、記事にした。NHK近畿本部でも、教育部の佐藤森彦氏を中心にして、この対談をテレビにのせる企画になったが、これはハイエク博士は承諾されたけれども、今西先生がことわられた。三回の対談に全力投球をしたい、というお考えのようであった。あいだに立って弱っていた事務局を救っていただいたのは、桑原先生であった。桑原先生はその英文の論文の抜刷りをハイエク博士に与えて、それを話題にして日本文化について話しあってみよう、ということで、テレビ対談が実現した。VTR収録は京都のNHKをわずらわしたが、大阪局の津金一男、後藤多聞氏らが直接担当した。テレビの電波にのったのは、ハイエク博士が日本を去られたあとであった。その対談が、附論3「経済発展と日本文化」である。ここでは、今西先生との対談のような緊張して切りむすぶ、という感じはなく、ある意味でより身近な話題だっただけに、よく理解できる内容になっていて、ハイエク博士の立場も明確である。桑原先生は、やさしい言葉で、なにげなく話されているけれども、注意して読むと非常にきめこまかい配慮が随所にうかがえ、しかも適確な主張がふくまれている。さすがというほかのない対談になったと思う。ここでとりあげられた桑原論文は、その対談中にも示されているように桑原武夫著『西洋文明と日本』（朝日選書）で読めるので、ここに収録することはやめにした。

この対談はいわば日本の歴史を中心に話されているので、いまの日本、これからの日本についての展望にまでは話がおよんでいない。ハイエク博士がそのあたりをどう考えているだろう、と思われる読者は、西山千明氏との対談を読まれるとよいだろう。ここで、その中のハイエク博士の発言をすこし引用しておく。

――日本だけでなく、過去二十年間の経済成長一本やりの、風潮のために、今日われわれが物質万能主義の時代にいることは事実だと思います。しかし忘れてならないことは、歴史的に見ると、経済的な復興、繁栄と文化的な発展の間には、密接な関係があるということです。たとえば欧州を考えてみますと、古代ギリシャの偉大な芸術的創造は、西暦四、五世紀前における、大きな経済繁栄の時代に発生し、イタリアのルネサンスは、その経済が巨大に復興した際に発生しました。

もっと正確にいうなら、経済の復興は偉大な芸術的、文化的復興に先立って発生しているのです。あなたはまだ若いのだから、過去二十年間における急速な経済発展に続いて、これから文化的、芸術的復興が発生するのを、生きている間に見られますよ。（西山千明・一九七七・七九―八〇）

なおここで、ハイエク博士と今西先生の学説についてさらに知りたいと思われる読者のために、この本の話題と関係のある分野の著作をあげておく。

ハイエク(Hayek, Friedrich August. von)――

一九五四 『隷従への道――全体主義と自由』(一谷藤一郎訳・東京創元社)
一九七七 『新自由主義とは何か』(西山千明編・東京新聞出版局)
1978 *New Studies is Philosophy, Politics Economics and History of Ideas*, Routledge & Kegan Paul
1979 *Law, Legislation and Liberty Vol. III, Political Order of a Free Society*, Routledge & Kegan Paul

今西錦司――

一九七〇 『私の進化論』(思索社)
一九七四―七五 『今西錦司全集』全十巻(講談社)
一九七七 『ダーウィン論』(中央公論社)
一九七八 『進化論――東と西』飯島衛と共著(第三文明社)
一九七八 『自然と進化』(筑摩書房)
一九七八 『ダーウィンを超えて――今西進化論講義』吉本隆明と共著(朝日出版社)

七

人間の真の幸福とは何か、とたずねられて、ハイエク博士はつぎのように答えている。

——それこそ、各人各様の問題でなくてはならないことです。それを前提にしたうえで、極めて一般的な形でお答えすれば、人が自分にとって、本当に価値があると感じることに努力することだと思います。（西山・一九七七・八二）

この本は、NHKブックスの書きおろしという伝統のなかでは、いささか型やぶりの対話を主とするものになった。その点ではNHKブックスの入部皓次郎氏、編集を担当された道川文夫氏は苦労が多かったのではないかと思う。事務局を引受けた私は、このあと十一月からアフリカ・ザイールの調査地に入り、翌二月の末に帰国した。道川さんは小原正太郎氏に依頼した速記、三上暁子氏に引受けていただいたハイエク博士のホップハウス講演の翻訳などをにらみながら、私の帰国を待っていた。今西先生は、たくさんの朱を入れた原稿をかえして下さった。私は数日間かんづめになって、対談の録音をききながら、ハイエク博士の部分を修正した。

この本をつくることが〝自分にとって、本当に価値があると感じる〟ところがあったから、この仕事もできたのだと思う。「老先生たちの元気がよすぎて、われわれ昭和ヒトケタのほうが先に死んじゃうのでは」などと悲鳴をあげながらも、しかしたいへん楽しい作業だった。

ハイエク、今西両先生、それに「ハイエク博士を歓迎する会」の先生方にかわって、この本を作るために御苦労をかけたすべての皆様に、心からの御礼を申しあげて、このあとがきを兼ねた解説を終わる。

（一九七九年八月三一日　東京にて）

引用文献（本文中には著者名・発行年・ページをカッコ内に示した。）

ハイエク・西山千明編・一九七七・『新自由主義とは何か』・東京新聞出版局

東洋経済新報社編・一九四八・『体系経済学辞典』

上原一男・一九七七・「ハイエク」・朝日新聞社編・『現代人物事典』所収

中山伊知郎・一九七七・「推薦の言葉」・ハイエク・西山千明編『新自由主義とは何か』所収

西山千明・一九七七・「F・A・フォン・ハイエク――その人と業績」・ハイエク・西山千明編『新自由主義とは何か』所収

ポパー・K、森博訳・一九七八・『果てしなき探求――知的自伝』・岩波書店

桑原武夫・一九六六・「今西錦司」・『人間――人類学的研究』・中央公論社、所収

上山春平・一九七二・「解説」・今西錦司『生物の世界』・講談社文庫、所収

梅棹忠夫・一九五一・「今西錦司」・思想の科学研究会編・『人間科学の事典』河出書房、所収

川喜田二郎・一九七七・朝日新聞社編・『現代人物事典』所収

吉良龍夫・一九七三・「山と探検と京都大学と」・吉良龍夫『生態学の窓から』・河出書房新社、所収

藤岡喜愛・一九七七・「解説――今西式マクロスコープ」・今西錦司『人類の進化と未来』・第三文明社、所収

米山俊直・一九七八・「今西錦司」・『世界伝記大事典』第一巻・ほるぷ出版、所収

＊本書は、Ｆ・Ａ・ハイエク、今西錦司著『自然・人類・文明』（ＮＨＫブックス３５２、一九七九年九月二〇日第1刷発行）に、新たに「まえがき」を付して刊行するものです。
＊本書には、現在あまり使われていない俗称や表現が記載されているところがありますが、著者二人が故人であることにかんがみ、初版発行時のままといたしました。（編集部）

まえがき

松原隆一郎（まつばら・りゅういちろう）

1956年、神戸市生まれ。東京大学大学院経済学研究科博士課程修了。専攻は社会経済学、相関社会科学。現在、東京大学大学院総合文化研究科教授。著書に『日本経済論』（NHK出版新書）、『経済学の名著30』（ちくま新書）、『ケインズとハイエク』（講談社現代新書）など。

オブザーバー

桑原武夫（くわばら・たけお）

1904年、敦賀生まれ。京都大学文学部仏文科卒業。京都大学名誉教授。専攻は仏文学・西洋文化史。1979年、文化功労者に選ばれる。1987年、文化勲章受章。1989年、没。著書に『事実と創作』『フランス印象記』『文学入門』『第二芸術論』『桑原武夫全集』など、編著に『ルソー研究』『フランス百科全書の研究』『フランス革命の研究』など。

解説

米山俊直（よねやま・としなお）

1930年、奈良生まれ。京都大学大学院修了。京都大学名誉教授。専攻は文化人類学。1999年、紫綬褒章受章。2006年、没。著書に『集団の生態』『日本のむらの百年』『文化人類学の考え方』『過疎社会』『祇園祭』『日本人の仲間意識』『天神祭』『アフリカ学への招待』『「日本」とは何か』など。

訳者

江口暁子（えぐち・あきこ）

1947年、上越生まれ。1970年、津田塾大学学芸学部英文科卒業。訳書に『構造と感情』（R.ニーダム著）がある。

F.A.ハイエク（Friedrich August von Hayek）
1899-1992年。オーストリア・ウィーン生まれ。経済学者、社会哲学者。ロンドン、シカゴ、フライブルクなど各大学の教授を歴任。景気循環論を展開し、自由な市場の優位性を主張。1974年、ノーベル経済学賞受賞。
著書に『貨幣と景気変動』『資本の純粋理論』『隷従への道』『自由社会の原理』など。

今西錦司（いまにし・きんじ）
1902-1992年。京都生まれ。生態学者。京都大学教授、岡山大学教授、岐阜大学学長を歴任。登山・探検家としても活躍。「すみわけ理論」に基づいた今西進化論を提唱。1979年、文化勲章受章。
著書に『生物の世界』『生物社会の論理』『人間社会の形成』『私の進化論』『ダーウィン論』など。

NHK BOOKS 1224

自然・人類・文明

2014年11月25日　第1刷発行
2022年 5 月20日　第2刷発行

著　者　F.A.ハイエク　今西錦司
発行者　土井成紀
発行所　NHK出版
東京都渋谷区宇田川町41-1　郵便番号150-8081
電話 0570-009-321（問い合わせ）0570-000-321（注文）
ホームページ　https://www.nhk-book.co.jp
振替　00110-1-49701
装幀者　水戸部 功
印　刷　啓文堂・近代美術
製　本　二葉製本

Printed in Japan　ISBN978-4-14-091224-9 C1310

NHK BOOKS

*自然科学

植物と人間―生物社会のバランス― 宮脇 昭
アニマル・セラピーとは何か 横山章光
免疫・「自己」と「非自己」の科学 多田富雄
生態系を蘇らせる 鷲谷いづみ
がんとこころのケア 明智龍男
快楽の脳科学―「いい気持ち」はどこから生まれるか― 廣中直行
物質をめぐる冒険―万有引力からホーキングまで― 竹内 薫
確率的発想法―数学を日常に活かす― 小島寛之
算数の発想―人間関係から宇宙の謎まで― 小島寛之
新版 日本人になった祖先たち―DNAが解明する多元的構造― 篠田謙一
交流する身体―〈ケア〉を捉えなおす― 西村ユミ
内臓感覚―脳と腸の不思議な関係― 福土 審
暴力はどこからきたか―人間性の起源を探る― 山極寿一
細胞の意思―〈自発性の源〉を見つめる― 団 まりな
寿命論―細胞から「生命」を考える― 高木由臣
太陽の科学―磁場から宇宙の謎に迫る― 柴田一成
形の生物学 本多久夫
ロボットという思想―脳と知能の謎に挑む― 浅田 稔
進化思考の世界―ヒトは森羅万象をどう体系化するか― 三中信宏
イカの心を探る―知の世界に生きる海の霊長類― 池田 譲
生元素とは何か―宇宙誕生から生物進化への137億年― 道端 齊
土壌汚染―フクシマの放射線物質のゆくえ― 中西友子
有性生殖論―「性」と「死」はなぜ生まれたのか― 高木由臣
自然・人類・文明 F・A・ハイエク／今西錦司
新版 稲作以前 佐々木高明
納豆の起源 横山 智
医学の近代史―苦闘の道のりをたどる― 森岡恭彦
生物の「安定」と「不安定」―生命のダイナミクスを探る― 浅島 誠
魚食の人類史―出アフリカから日本列島へ― 島 泰三
フクシマ 土壌汚染の10年―放射性セシウムはどこへ行ったのか― 中西友子

※在庫品切れの際はご容赦下さい。